KB101436

아이가 좋아하는 4단계 초등연산

①-②-③

곱셈·나눗셈

동양북스

아이가 좋아하는 4단계 초등연산

곱셈·나눗셈 2

| 초판 1쇄 인쇄 2023년 6월 5일
| 초판 1쇄 발행 2023년 6월 14일
| 발행인 김태웅
| 지은이 초등 수학 교육 연구소『수학을 좋아하는 아이』
| 편집1팀장 황준
| 디자인 syoung.k, MOON-C design
| 마케팅 나재승
| 제작 현대순
| 발행처 (주)동양북스
| 등록 제 2014-000055호
| 주소 서울시 마포구 동교로 22길 14 (04030)
| 구입문의 전화 (02)337-1737 팩스 (02)334-6624
| 내용문의 전화 (02)337-1763 이메일 dybooks2@gmail.com
| ISBN 979-11-5768-919-4(64410) 979-11-5768-356-7 (세트)

prologue

곱셈 나눗셈은 매우 중요합니다. 수학은 계통성이 매우 강한 과목이라 곱셈 나눗셈의 내용은 이후 분수 소수 등으로 연결됩니다. 이들 연산 능력이 부족하면 복잡해지는 다음 연산에 대응이 힘들어져 결국에는 수학을 어려워하게 되는 것입니다. 어떻게 해야 이 중요한 연산을 효과적으로 학습할 수 있을까요? 이에 대한 답은 명확합니다. 스스로 흥미를 느끼고 주도적으로 공부하는 방식으로 실력을 쌓도록 해야 하는 것입니다.

"곱셈과 나눗셈을 배우는 시기는 수학에 대한 흥미를 높여야 하는 매우 중요한 시기"

이 책은 다음과 같은 방식으로 곱셈 나눗셈을 완성합니다. 첫째, 그림, 표 등을 활용하는 학습. 수학을 잘하는 학생들은 문제를 주면 수직선이나 그림, 표를 활용해 문제를 논리적으로 이해하고 해결하는 것을 볼 수 있습니다. 따라서 다양한 그림, 표 등을 활용해 스마트한 방식으로 학습할 수 있도록 한 것입니다. 둘째, 4단계를 통해 완성하는 체계적 학습. 곱셈과 나눗셈 실력은 체계적으로 쌓아가야 합니다. 원리, 적용, 풀이, 확인이라는 단계를 거치며 학습할 때 부담 없이 이해되고, 이는 '수학을 잘할 수 있다'는 자신감으로 이어지는 것입니다. 셋째, 자연스럽게 기초를 만드는 재미있는 학습. 곱셈과 나눗셈은 창의적이고 재미있는 문제 풀이를 통해 배우는 것이 좋습니다. 그래야 호기심을 키워 스스로 수학에 흥미를 느끼고 연산을 마음대로 가지고 노는 역량을 발달시킬 수 있는 것입니다.

아이가 좋아하는 4단계 초등연산으로 공부하면 곱셈과 나눗셈에 통달함과 동시에 무엇보다 수학을 좋아하는 아이로 자라게 될 것입니다.

| 체계적인 4단계 연산 훈련

한 단계씩 꼼꼼히 훈련하면 정확도는 높아지고 속도는 빨라져요.

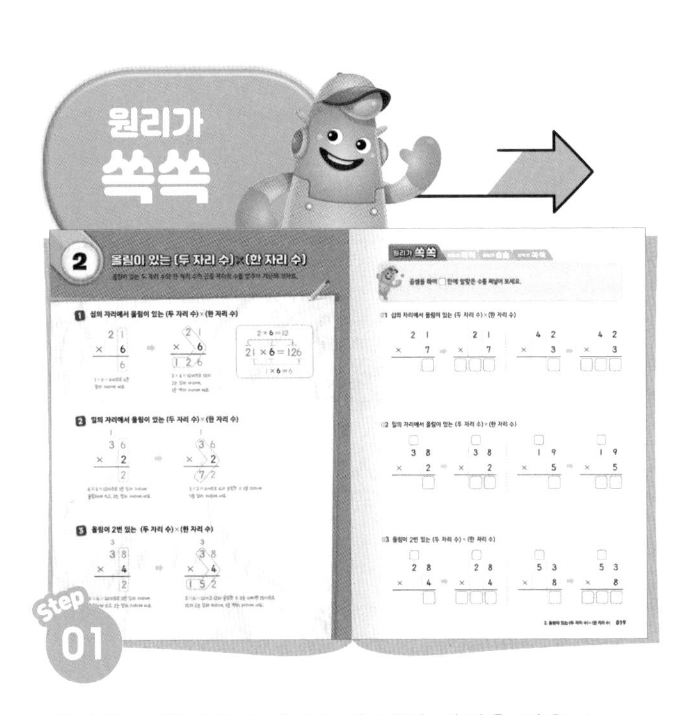

재미있고 친절한 설명으로 원리와 개념을 배우고, 그대로 따라해 보며 원리를 확실하게 이해할 수 있어요.

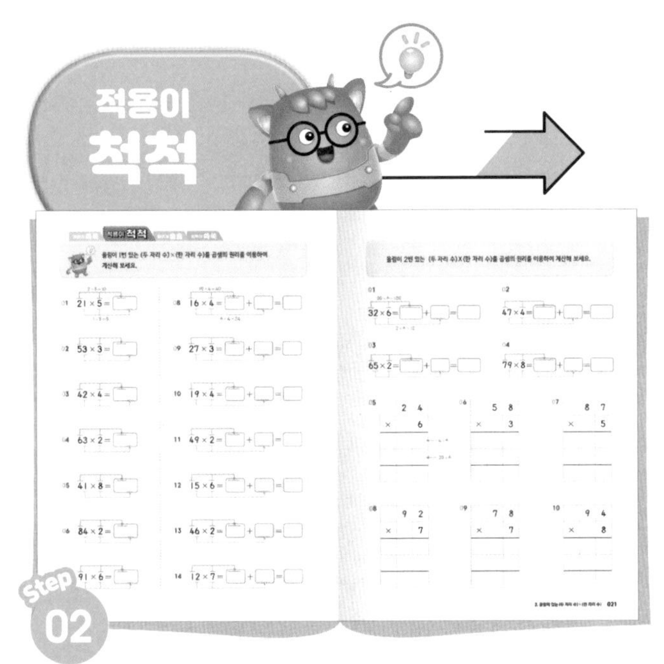

학습한 원리를 적용하는 다양한 방식을 배우며 연산 훈련의 기본을 다질 수 있어요.

| 연산의 활용

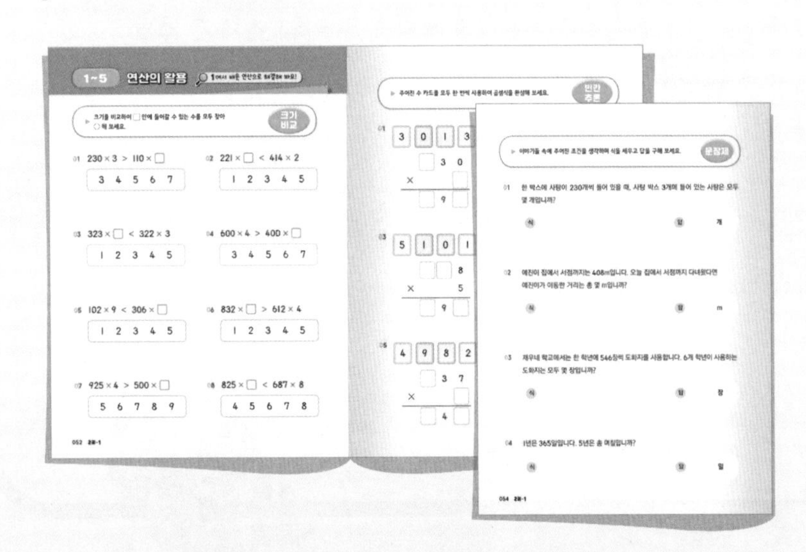

한 단계 실력 up!

4단계 훈련을 통한 연산 실력을 확인하고 활용해 볼 수 있는 크기 비교, 빈칸 추론, 수 만들기, 어떤 수 구하기, 문장제의 다양한 구성으로 복습과 함께 완벽한 마무리를 할 수 있어요.

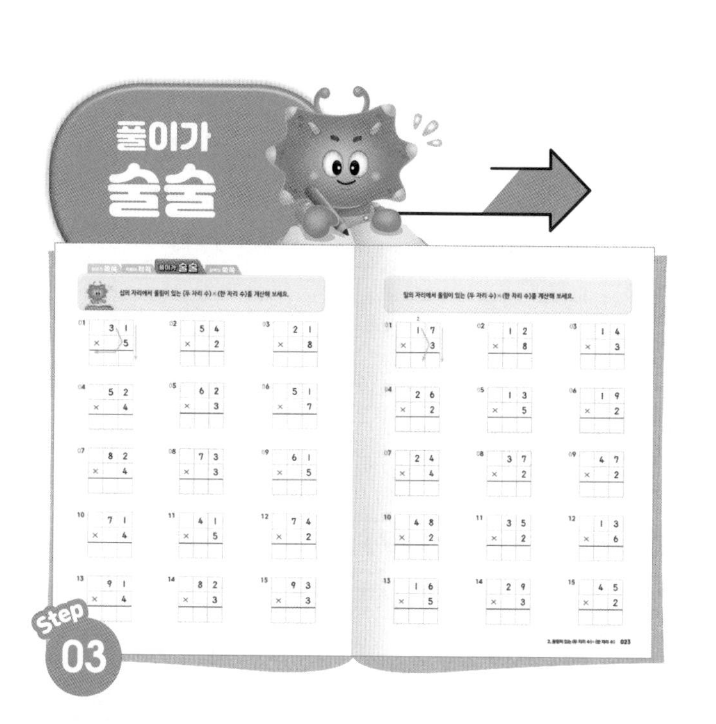

탄탄한 원리 학습을 마치면 드릴 형식의 연산 문제도 지루하지 않고 쉽게 풀 수 있어요.

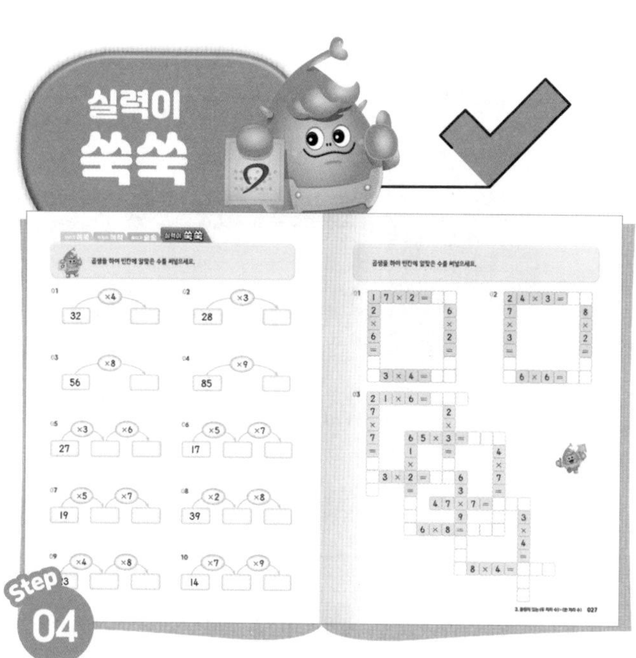

다양한 형태의 문제들을 접하며 연산 실력을 높이고 사고력도 함께 키울 수 있어요.

| 이렇게 학습 계획을 세워 보세요!

하루에 푸는 양을 다음과 같이 구성하여 풀어 보세요.

4주 완성

- 1day 원리가 쏙쏙, 적용이 척척
- 1day 풀이가 술술, 실력이 쑥쑥
- 1day 연산의 활용

6주 완성

- 1day 원리가 쏙쏙, 적용이 척척
- 1day 풀이가 술술
- 1day 실력이 쑥쑥
- 1day 연산의 활용

1 곱셈 (1)

2 곱셈 (2)

3 나눗셈

왜 숫자는 아름다운 걸까요?

이것은 베토벤 9번 교향곡이 왜 아름다운지 묻는 것과 같습니다.

- 폴 에르되시 -

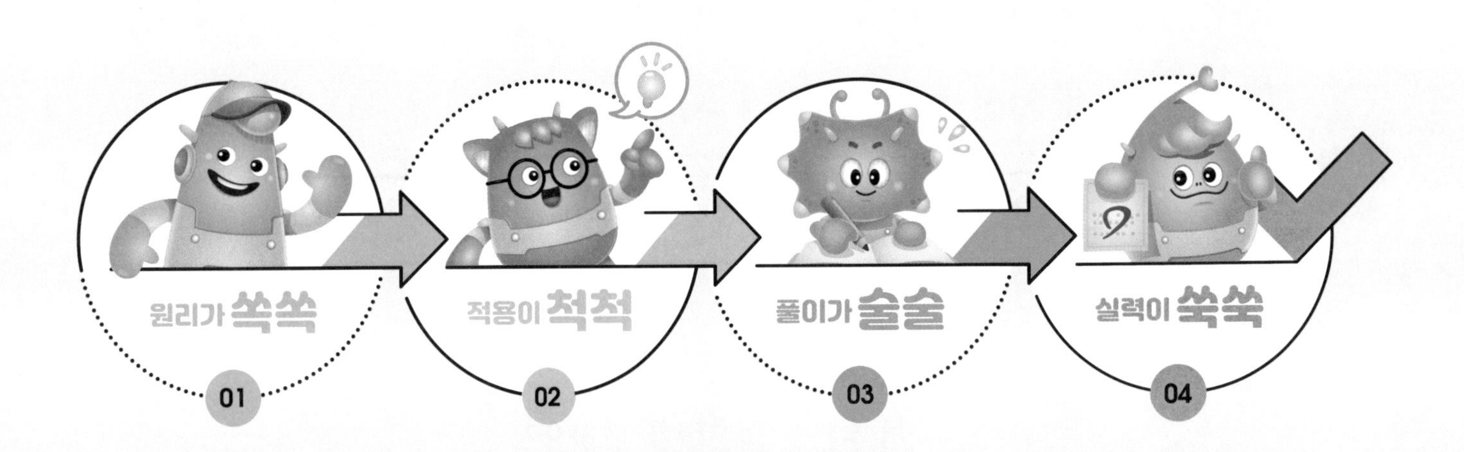
원리가 쑥쑥
적용이 척척
풀이가 술술
실력이 쑥쑥
01
02
03
04

1

곱셈 (1)

(두 자리 수)×(한 자리 수)

올림이 없는 두 자리 수와 한 자리 수의 곱의 원리를 알아보아요.

1 (몇십)×(몇)

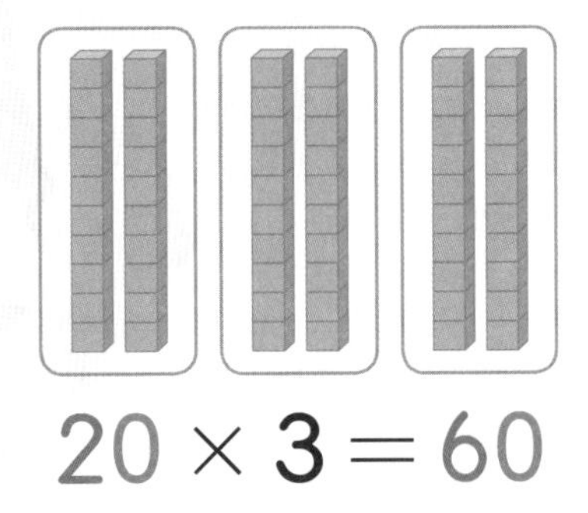

$20 \times 3 = 60$

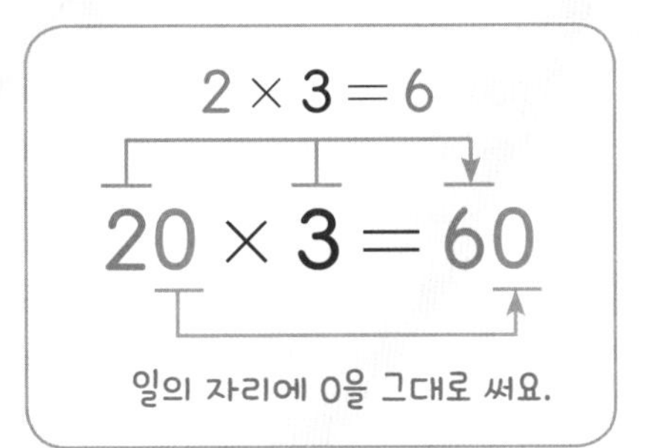

2 × 3 = 6
20 × 3 = 60
일의 자리에 0을 그대로 써요.

20 × 3은 10 모형의 수가 2개씩 3묶음이 있는 것과 같아요. .

2 올림이 없는 (두 자리 수)×(한 자리 수)

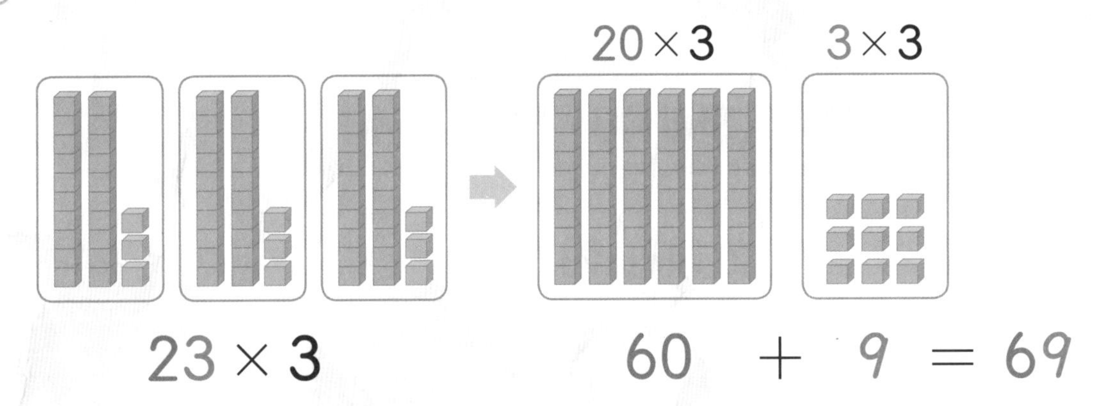

23 × 3은 10 모형의 수가 2개씩 3묶음이고,
낱개 모형이 3개씩 3묶음 있는 것과 같아요.

$$\begin{array}{r} 2\,3 \\ \times \quad 3 \\ \hline 9 \end{array} \Rightarrow \begin{array}{r} 2\,3 \\ \times \quad 3 \\ \hline 6\,9 \end{array}$$

2 × 3 = 6

23 × 3 = 69

3 × 3 = 9

일의 자리 수 3과 3의 곱은 일의 자리에,
십의 자리 수 2와 3의 곱은 십의 자리에 써요.

그림을 보고 □ 안에 알맞은 수를 써넣어 보세요.

01 (몇십)×(몇)

$20 \times 1 = \square$

$20 \times 2 = \square$

$20 \times 4 = \square$

$30 \times 3 = \square$

02 올림이 없는 (두 자리 수)×(한 자리 수)

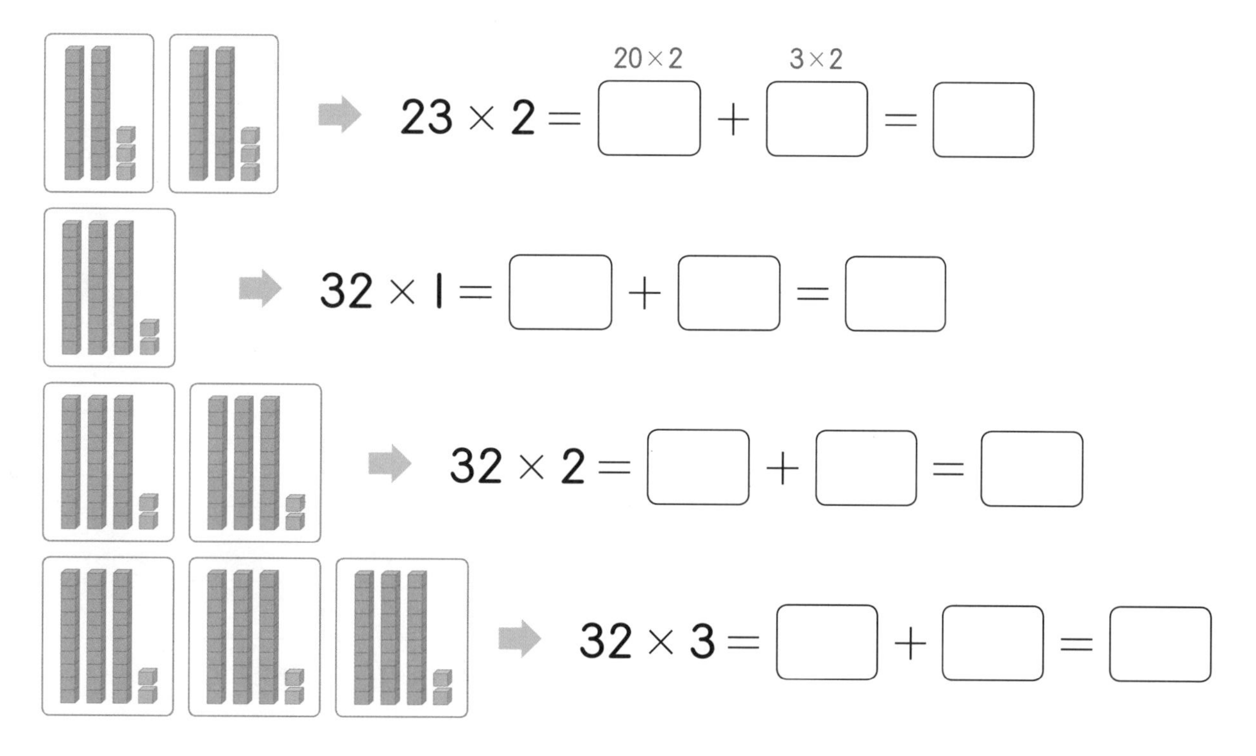

(몇십) × (몇)을 곱셈의 원리를 이용하여 계산해 보세요.

01 $1 \times 3 =$ ☐

$10 \times 3 =$ ☐

02 $2 \times 3 =$ ☐

$20 \times 3 =$ ☐0

03 $30 \times 2 =$ ☐0

$30 \times 3 =$ ☐

04 $20 \times 4 =$ ☐

$40 \times 2 =$ ☐

05 $30 \times 4 =$ ☐0

$3 \times 4 = 12$

$30 \times 5 =$ ☐0

06 $20 \times 5 =$ ☐

$50 \times 2 =$ ☐

07 $50 \times 3 =$ ☐

$60 \times 3 =$ ☐

08 $60 \times 6 =$ ☐

$70 \times 7 =$ ☐

09 $30 \times 8 =$ ☐

$20 \times 8 =$ ☐

10 $40 \times 9 =$ ☐

$90 \times 4 =$ ☐

두 자리 수와 한 자리 수의 곱셈을
일의 자리와 십의 자리의 합을 이용하여
계산해 보세요.

22×3 ➡

	2	2
×		3
2×3 →		6
20×3 →	6	0
$60+6$ →	6	6

01

	1	1
×		2
			← 1×2
			← 10×2

02

	1	3
×		2

03

	1	1
×		5

04

	1	2
×		3

05

	2	1
×		2

06

	2	3
×		3

07

	3	1
×		2

08

	1	1
×		7

09

	3	4
×		2

(몇십) × (몇)을 계산해 보세요.

01
$10 \times 3 =$
$10 \times 5 =$
$10 \times 7 =$

02
$20 \times 3 =$
$30 \times 3 =$
$40 \times 3 =$

03
$40 \times 4 =$
$70 \times 2 =$
$90 \times 2 =$

04
$20 \times 6 =$
$30 \times 6 =$
$40 \times 6 =$

05
$20 \times 5 =$
$40 \times 5 =$
$50 \times 4 =$

06
$60 \times 5 =$
$70 \times 5 =$
$80 \times 5 =$

07
$80 \times 2 =$
$80 \times 4 =$
$80 \times 6 =$

08
$20 \times 7 =$
$50 \times 7 =$
$90 \times 7 =$

09
$90 \times 3 =$
$90 \times 5 =$
$90 \times 7 =$

10
$20 \times 9 =$
$50 \times 9 =$
$80 \times 9 =$

(두 자리 수)×(한 자리 수)를 계산해 보세요.

01

	1	1
×		4

02

	1	3
×		3

03

	2	2
×		2

04

	2	3
×		2

05

	3	3
×		2

06

	1	1
×		3

07

	1	4
×		2

08

	4	3
×		2

09

	3	1
×		3

10

	2	3
×		3

11

	4	1
×		2

12

	2	2
×		4

13

	4	2
×		2

14

	1	1
×		9

15

	3	3
×		3

더 큰 수를 따라 가도록 선을 그려 보세요.

01

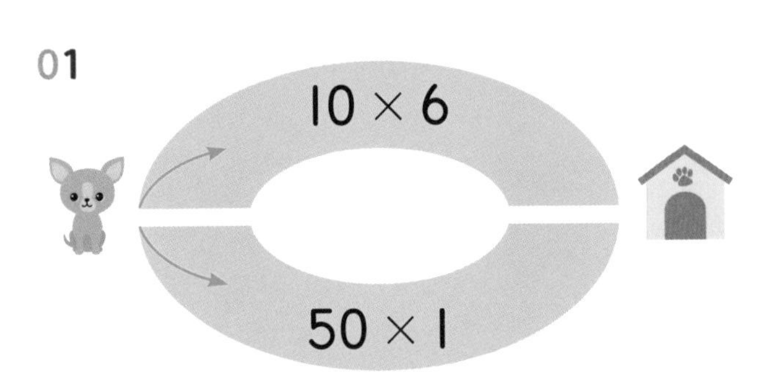

02

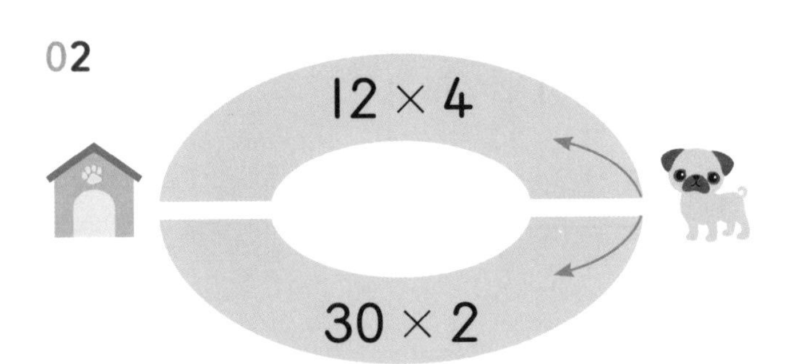

03

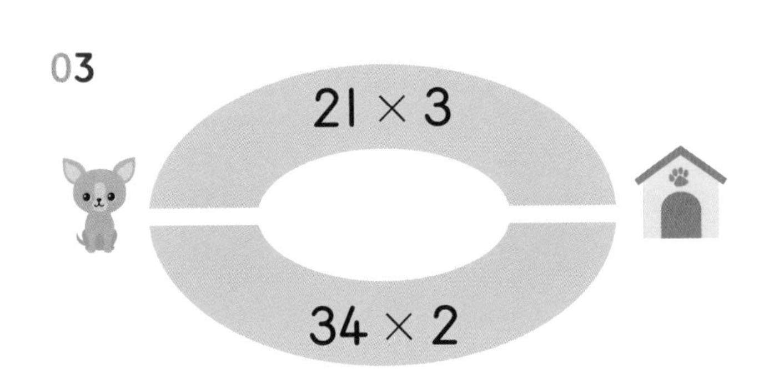

04

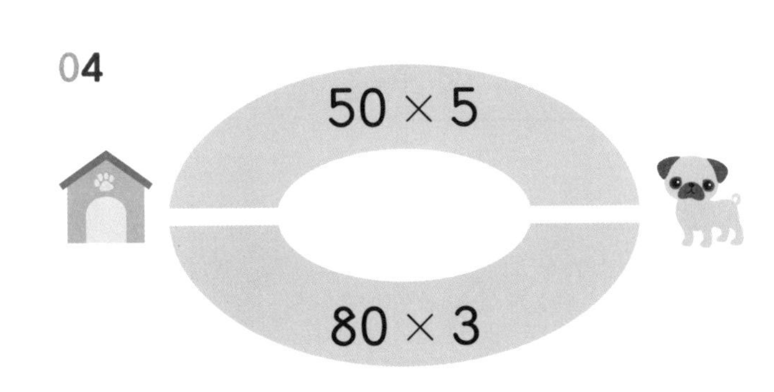

05

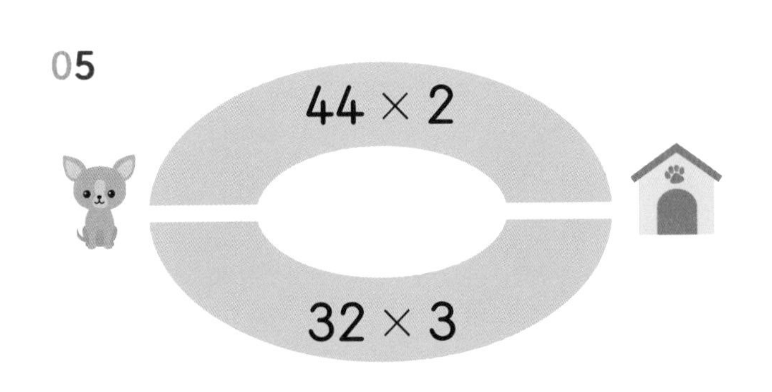

06

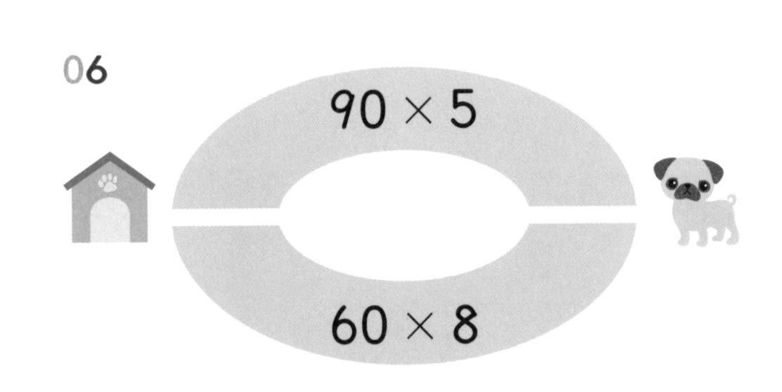

07

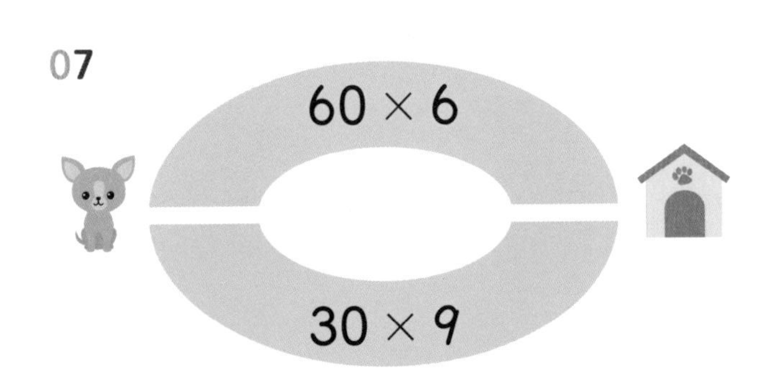

08

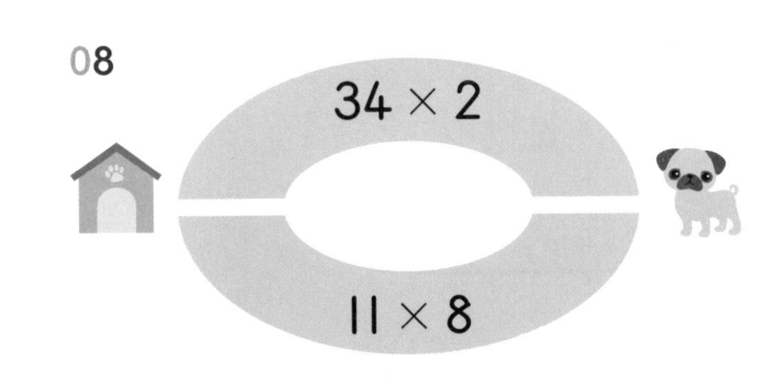

곱셈을 하여 빈칸에 알맞은 수를 써넣으세요.

2	0	×	3	=							
			2								
			×								
		1	2	×	4	=					
			=					0			
1	0	×		=				×			
3								3			
×								=			
3					3	4	×		=		
=		4			3						
		3			×						
	0	×		=	3	6	0				
		2			=						
		=									
			0	×		=					

2 올림이 있는 (두 자리 수)×(한 자리 수)

올림이 있는 두 자리 수와 한 자리 수의 곱을 자리의 수를 맞추어 계산해 보아요.

1 십의 자리에서 올림이 있는 (두 자리 수)×(한 자리 수)

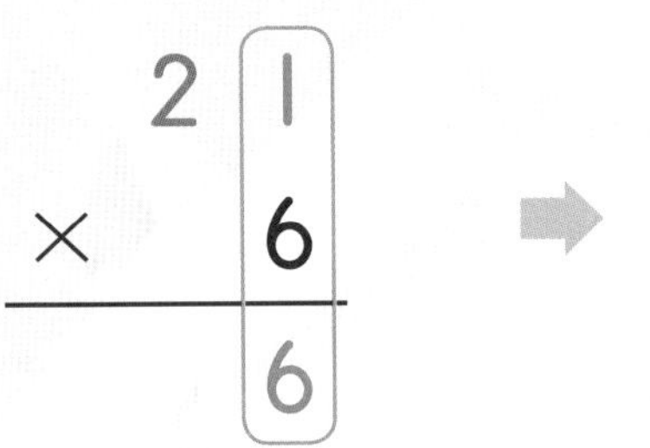

1×6=6이므로 6은 일의 자리에 써요.

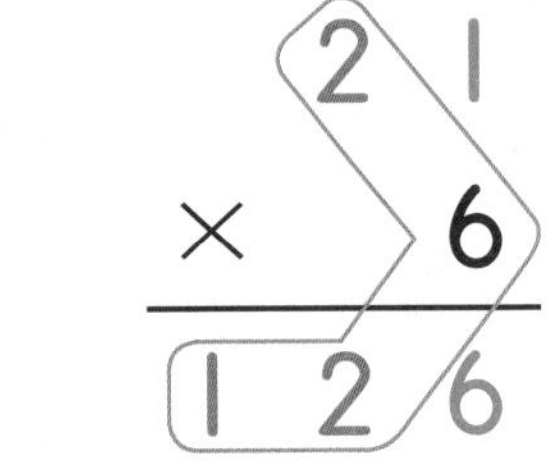

2×6=12이므로 12의 2는 십의 자리에, 1은 백의 자리에 써요.

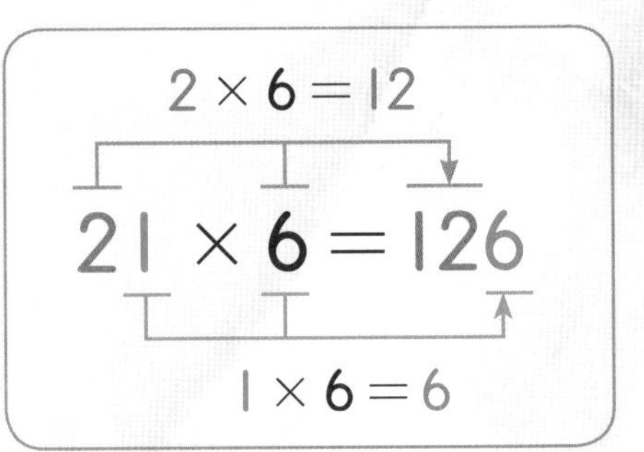

2 일의 자리에서 올림이 있는 (두 자리 수)×(한 자리 수)

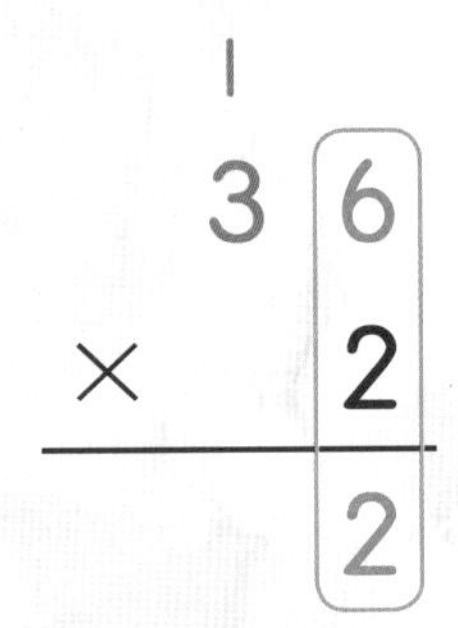

6×2=12이므로 1은 십의 자리에 올림하여 쓰고, 2는 일의 자리에 써요.

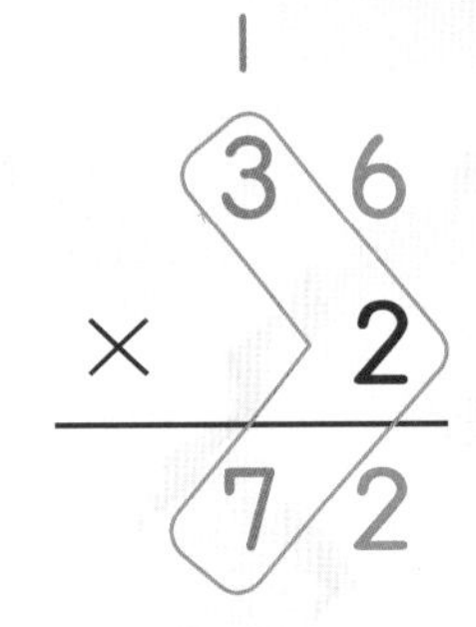

3×2=6이므로 6과 올림한 수 1을 더하여 7을 십의 자리에 써요.

3 올림이 2번 있는 (두 자리 수)×(한 자리 수)

$$\begin{array}{r} {\scriptstyle 3} \\ 38 \\ \times\ \ 4 \\ \hline 2 \end{array}$$

8×4=32이므로 3은 십의 자리에 올림하여 쓰고, 2는 일의 자리에 써요.

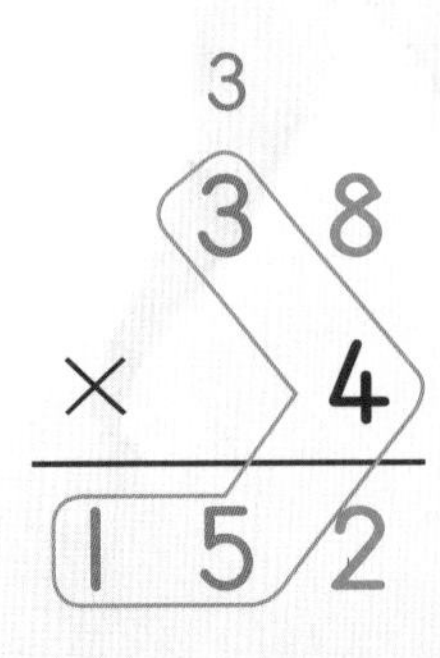

3×4=12이고 12와 올림한 수 3을 더하면 15이므로 15의 5는 십의 자리에, 1은 백의 자리에 써요.

원리가 쏙쏙

곱셈을 하여 □ 안에 알맞은 수를 써넣어 보세요.

01 십의 자리에서 올림이 있는 (두 자리 수)×(한 자리 수)

	2	1
×		7
		□

➡

	2	1
×		7
□	□	□

	4	2
×		3
		□

➡

	4	2
×		3
□	□	□

02 일의 자리에서 올림이 있는 (두 자리 수)×(한 자리 수)

	□	
	3	8
×		2
		□

➡

	□	
	3	8
×		2
	□	□

	□	
	1	9
×		5
		□

➡

	□	
	1	9
×		5
	□	□

03 올림이 2번 있는 (두 자리 수)×(한 자리 수)

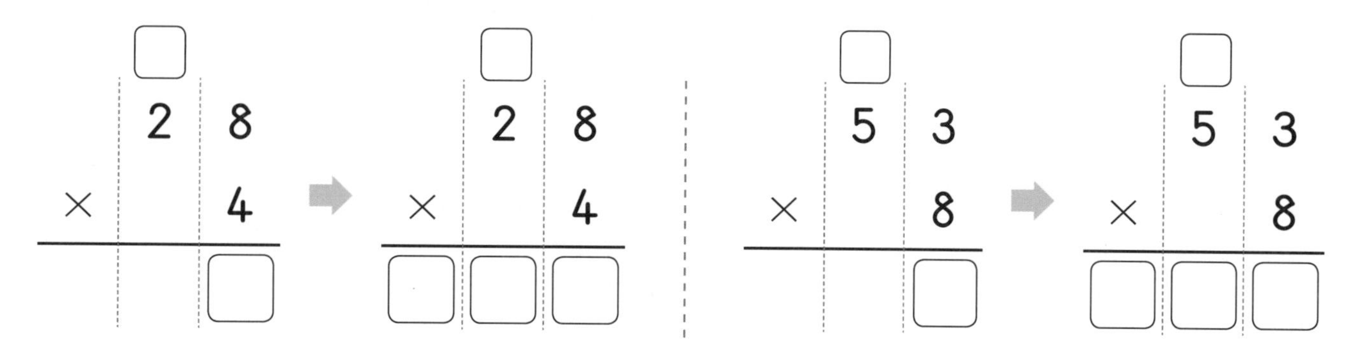

원리가 쏙쏙 | **적용이 척척** | 풀이가 술술 | 실력이 쑥쑥

올림이 1번 있는 (두 자리 수)×(한 자리 수)를 곱셈의 원리를 이용하여 계산해 보세요.

01 $21 \times 5 = \square$ (2×5=10, 1×5=5)

02 $53 \times 3 = \square$

03 $42 \times 4 = \square$

04 $63 \times 2 = \square$

05 $41 \times 8 = \square$

06 $84 \times 2 = \square$

07 $91 \times 6 = \square$

08 $16 \times 4 = \square + \square = \square$ (10×4=40, 6×4=24)

09 $27 \times 3 = \square + \square = \square$

10 $19 \times 4 = \square + \square = \square$

11 $49 \times 2 = \square + \square = \square$

12 $15 \times 6 = \square + \square = \square$

13 $46 \times 2 = \square + \square = \square$

14 $12 \times 7 = \square + \square = \square$

올림이 2번 있는 (두 자리 수)X(한 자리 수)를 곱셈의 원리를 이용하여 계산해 보세요.

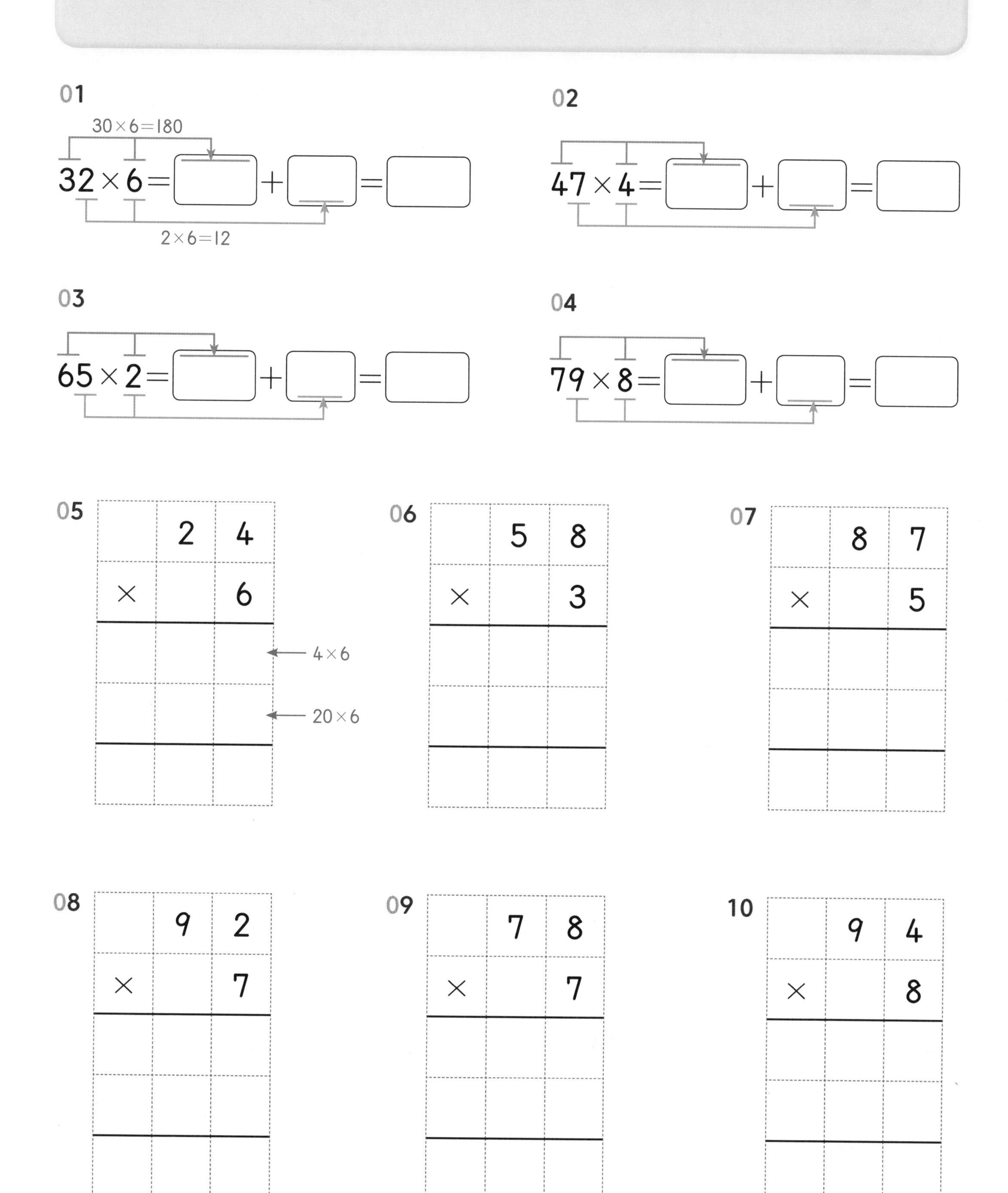

01

$30 \times 6 = 180$

$32 \times 6 = \boxed{} + \boxed{} = \boxed{}$

$2 \times 6 = 12$

02

$47 \times 4 = \boxed{} + \boxed{} = \boxed{}$

03

$65 \times 2 = \boxed{} + \boxed{} = \boxed{}$

04

$79 \times 8 = \boxed{} + \boxed{} = \boxed{}$

05

	2	4
×		6

← 4×6
← 20×6

06

	5	8
×		3

07

	8	7
×		5

08

	9	2
×		7

09

	7	8
×		7

10

	9	4
×		8

십의 자리에서 올림이 있는 (두 자리 수)×(한 자리 수)를 계산해 보세요.

01

	3	1
×		5

02

	5	4
×		2

03

	2	1
×		8

04

	5	2
×		4

05

	6	2
×		3

06

	5	1
×		7

07

	8	2
×		4

08

	7	3
×		3

09

	6	1
×		5

10

	7	1
×		4

11

	4	1
×		5

12

	7	4
×		2

13

	9	1
×		4

14

	8	2
×		3

15

	9	3
×		3

일의 자리에서 올림이 있는 (두 자리 수)×(한 자리 수)를 계산해 보세요.

01
$$\begin{array}{r} \overset{2}{1}7 \\ \times \quad 3 \\ \hline \end{array}$$

02
$$\begin{array}{r} 12 \\ \times \quad 8 \\ \hline \end{array}$$

03
$$\begin{array}{r} 14 \\ \times \quad 3 \\ \hline \end{array}$$

04
$$\begin{array}{r} 26 \\ \times \quad 2 \\ \hline \end{array}$$

05
$$\begin{array}{r} 13 \\ \times \quad 5 \\ \hline \end{array}$$

06
$$\begin{array}{r} 19 \\ \times \quad 2 \\ \hline \end{array}$$

07
$$\begin{array}{r} 24 \\ \times \quad 4 \\ \hline \end{array}$$

08
$$\begin{array}{r} 37 \\ \times \quad 2 \\ \hline \end{array}$$

09
$$\begin{array}{r} 47 \\ \times \quad 2 \\ \hline \end{array}$$

10
$$\begin{array}{r} 48 \\ \times \quad 2 \\ \hline \end{array}$$

11
$$\begin{array}{r} 35 \\ \times \quad 2 \\ \hline \end{array}$$

12
$$\begin{array}{r} 13 \\ \times \quad 6 \\ \hline \end{array}$$

13
$$\begin{array}{r} 16 \\ \times \quad 5 \\ \hline \end{array}$$

14
$$\begin{array}{r} 29 \\ \times \quad 3 \\ \hline \end{array}$$

15
$$\begin{array}{r} 45 \\ \times \quad 2 \\ \hline \end{array}$$

올림이 2번 있는 (두 자리 수)×(한 자리 수)를 계산해 보세요.

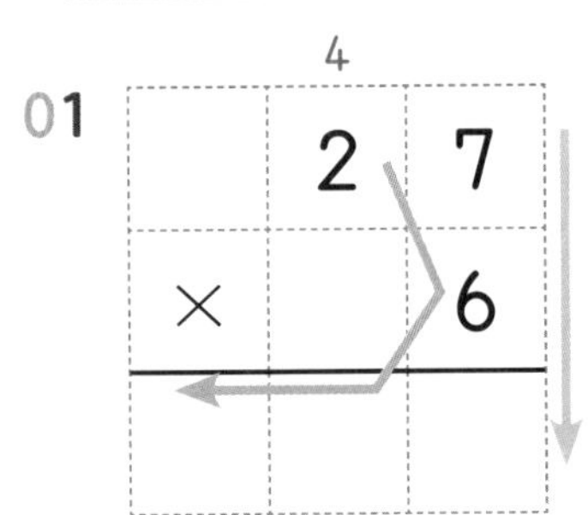

01 27×6

02 46×3

03 33×5

04 23×9

05 54×5

06 74×7

07 45×6

08 89×2

09 18×7

10 38×7

11 34×9

12 47×9

13 36×8

14 46×5

15 69×4

16. 48×7

17. 58×7

18. 66×9

19. 66×6

20. 92×6

21. 84×8

22. 78×9

23. 86×7

24. 98×4

25. 87×4

26. 99×5

27. 93×9

28. 75×8

29. 53×6

30. 96×9

31. 89×6

32. 84×9

33. 93×8

곱셈을 하여 빈칸에 알맞은 수를 써넣으세요.

01
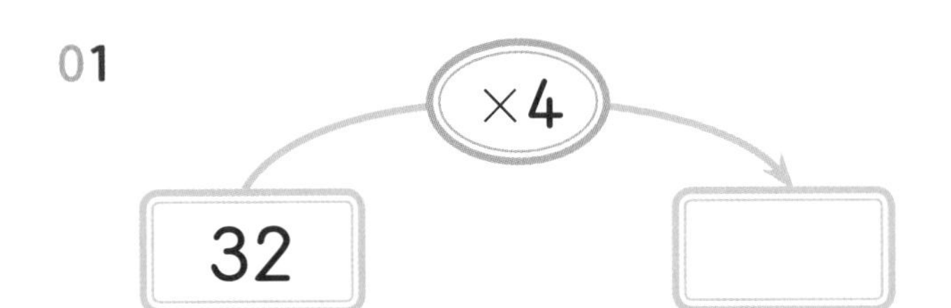

02
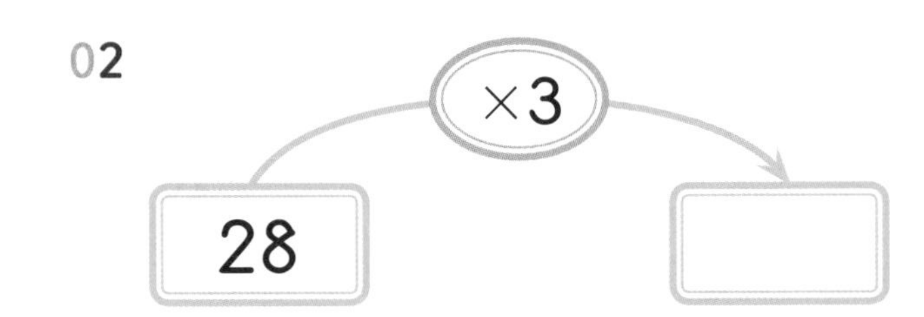

03
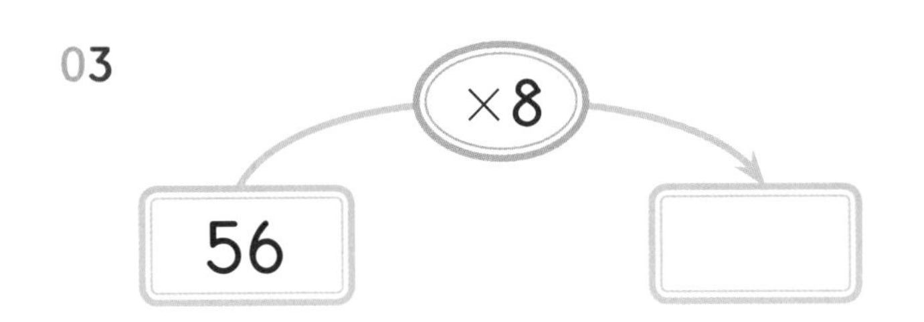

04
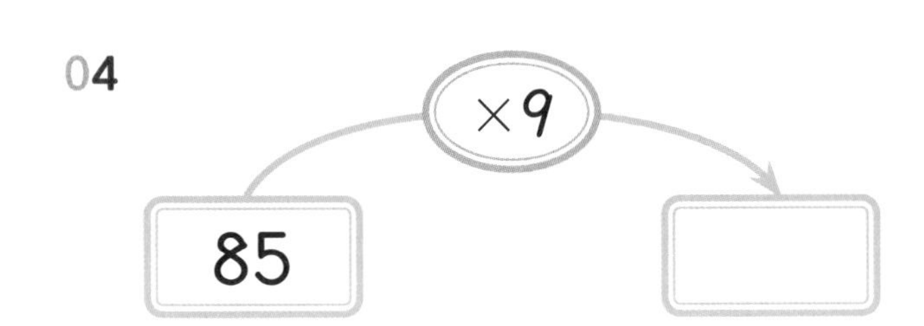

05
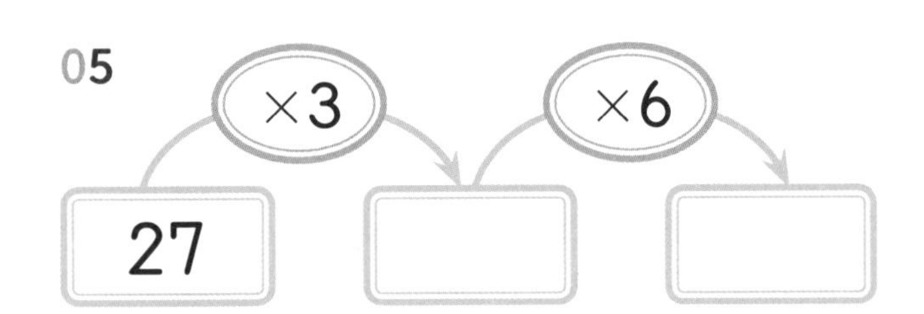

06
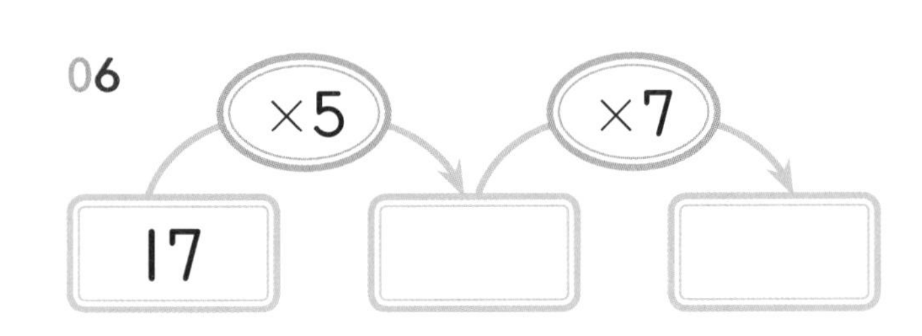

07
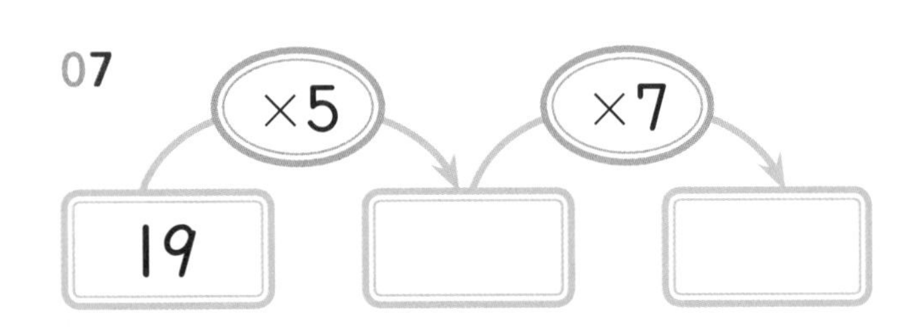

08
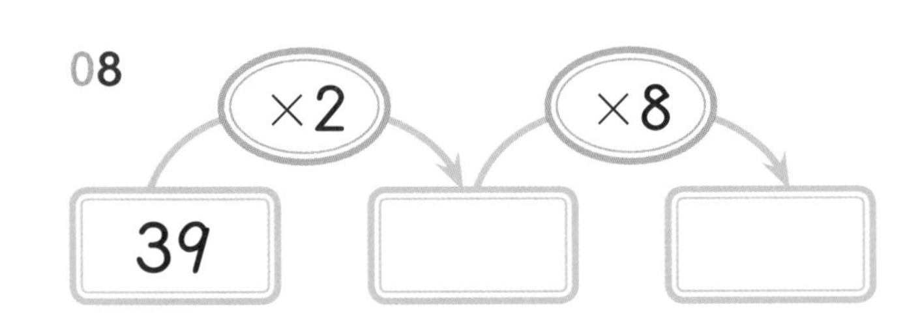

09
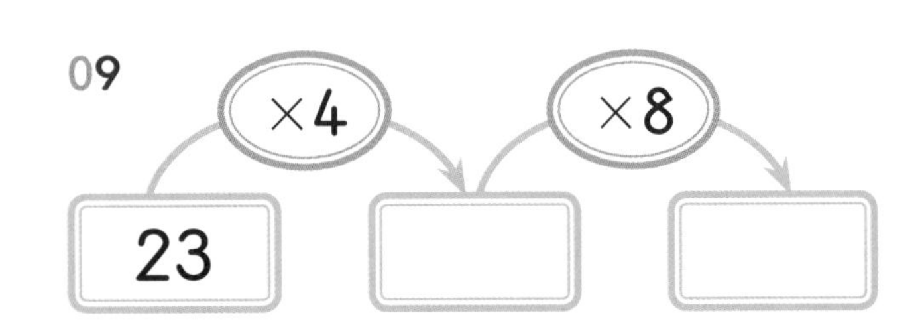

10
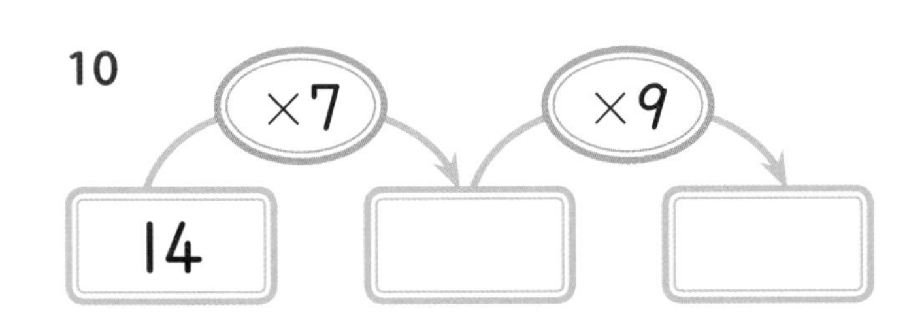

곱셈을 하여 빈칸에 알맞은 수를 써넣으세요.

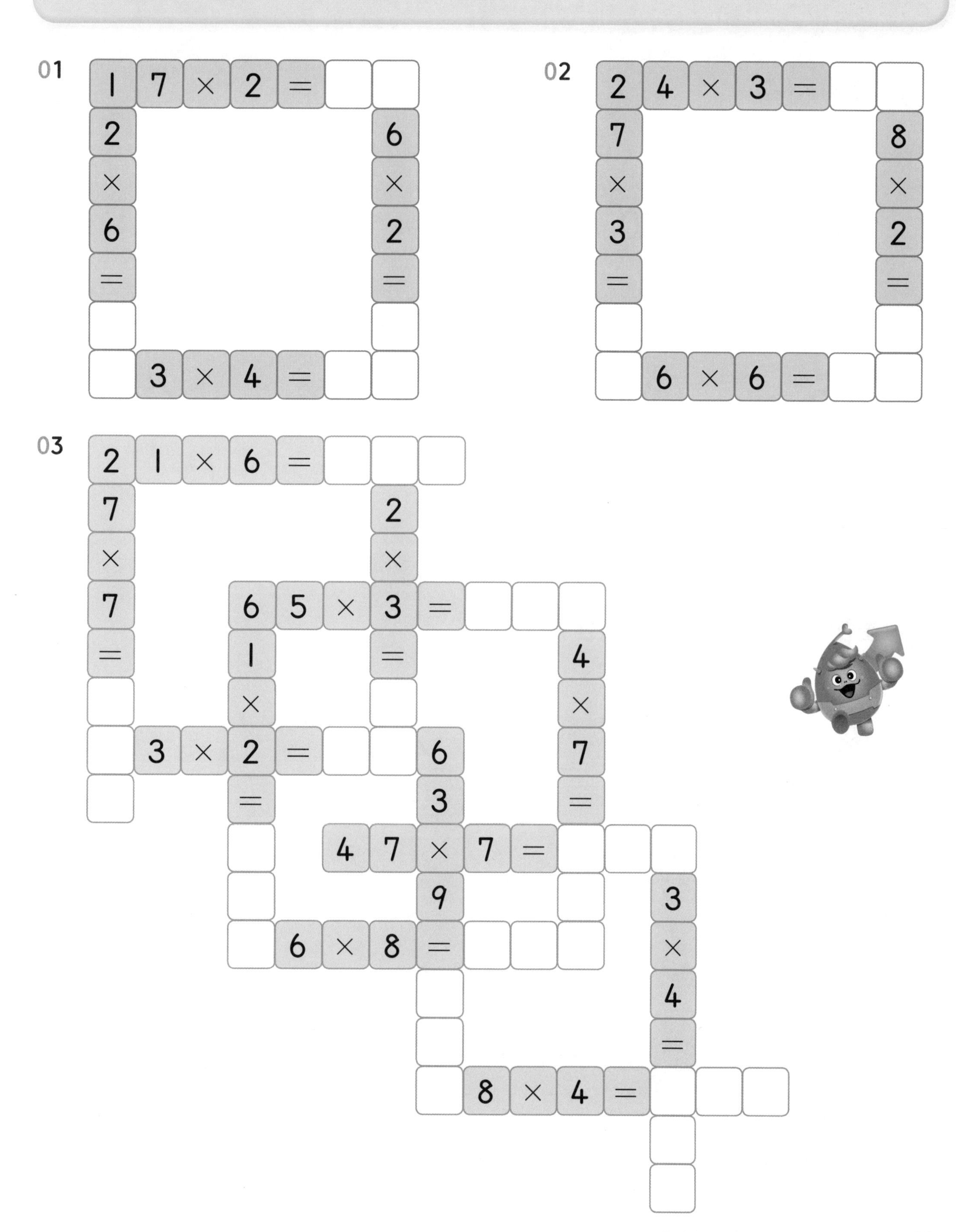

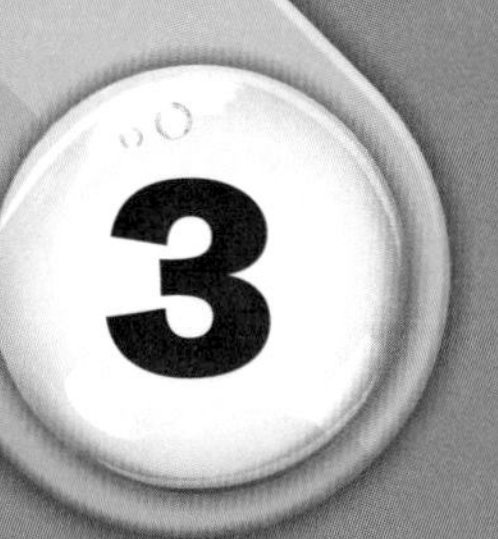

(세 자리 수)×(한 자리 수)

세 자리 수와 한 자리 수의 곱의 원리를 알아보아요.

1 (몇백)×(몇)

$200 \times 3 = 600$ 2×3=6이므로 6 뒤에 0을 2개 써요.

$300 \times 4 = 1200$ 3×4=12이므로 12 뒤에 0을 2개 써요.

2 올림이 없는 (세 자리 수)×(한 자리 수)

$$\begin{array}{r} 1\,3\,0 \\ \times \quad 2 \\ \hline 6\,0 \end{array} \rightarrow \begin{array}{r} 1\,3\,0 \\ \times \quad 2 \\ \hline 2\,6\,0 \end{array}$$

0×2=0이므로 일의 자리에 0을 써요.
3×2=6이므로 십의 자리에 6을 써요.

1×2=2이므로 백의 자리에 2를 써요.

$$\begin{array}{r} 1\,3\,4 \\ \times \quad 2 \\ \hline 8 \end{array} \rightarrow \begin{array}{r} 1\,3\,4 \\ \times \quad 2 \\ \hline 6\,8 \end{array} \rightarrow$$

4×2=8이므로 8은 일의 자리에 써요.

3×2=6이므로 6은 십의 자리에 써요.

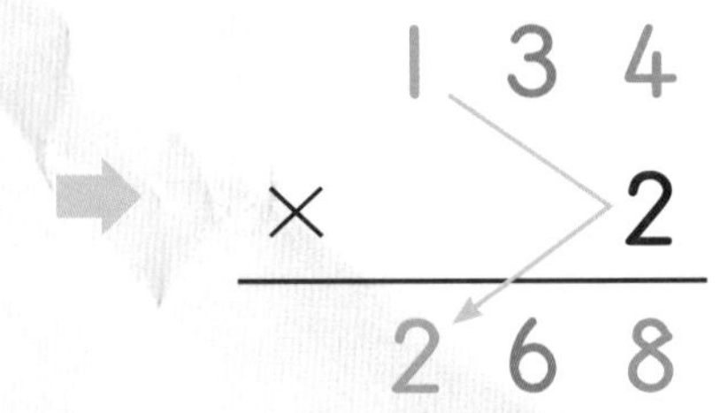

1×2=2이므로 2는 백의 자리에 써요.

그림을 보고 □ 안에 알맞은 수를 써넣어 보세요.

01 (몇백)×(몇)

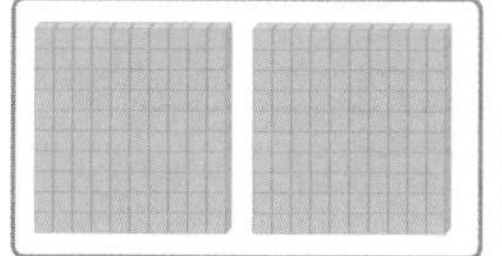
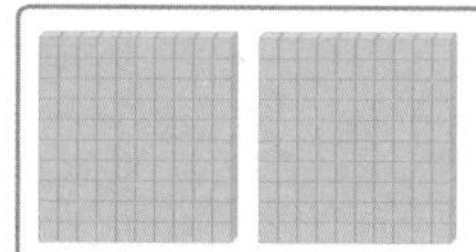
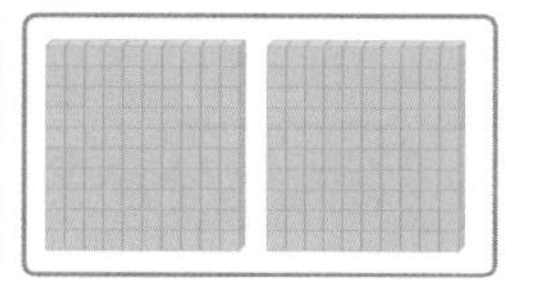

➡ $200 \times 3 =$ □

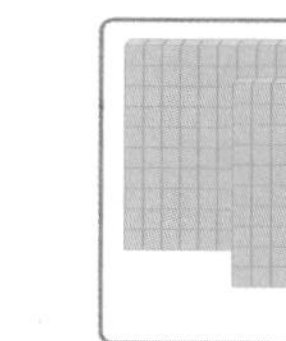
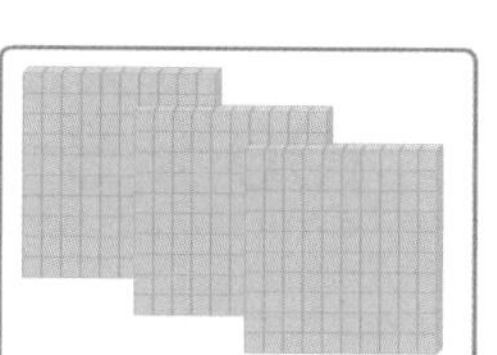

➡ $300 \times 2 =$ □

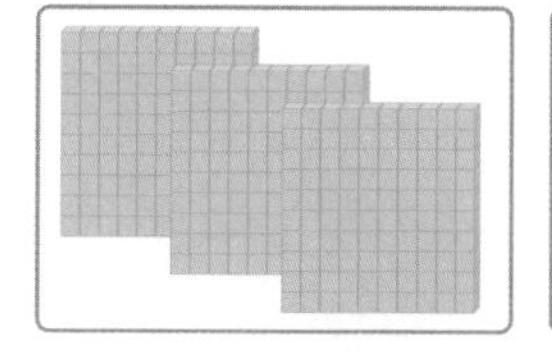
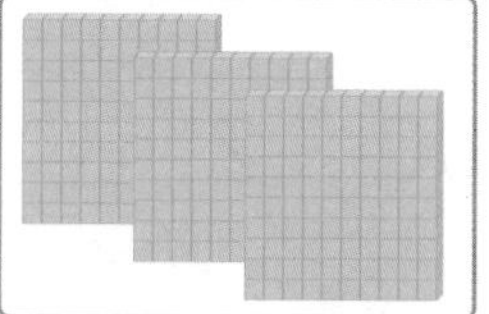
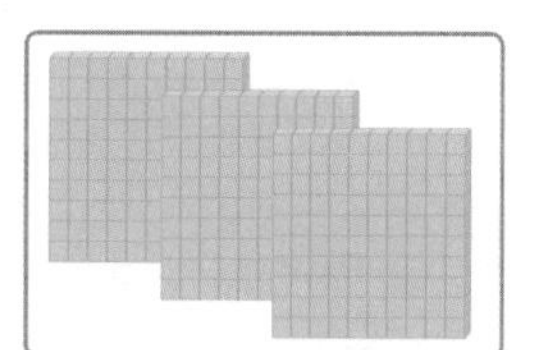
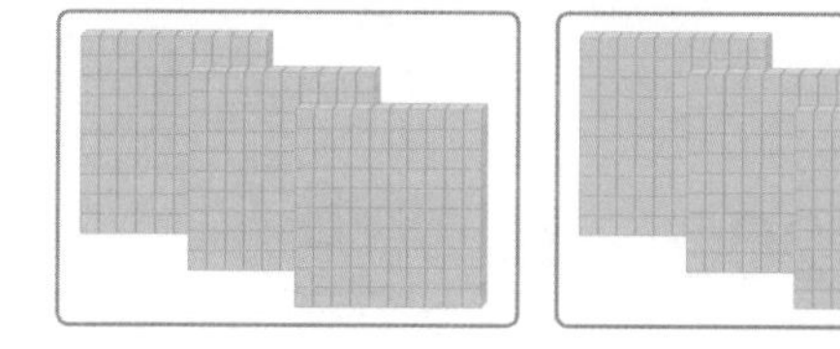

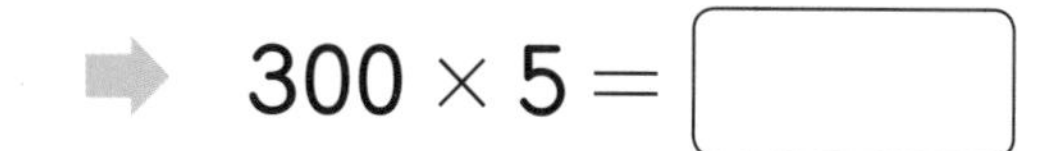

➡ $300 \times 5 =$ □

02 올림이 없는 (세 자리 수)×(한 자리 수)

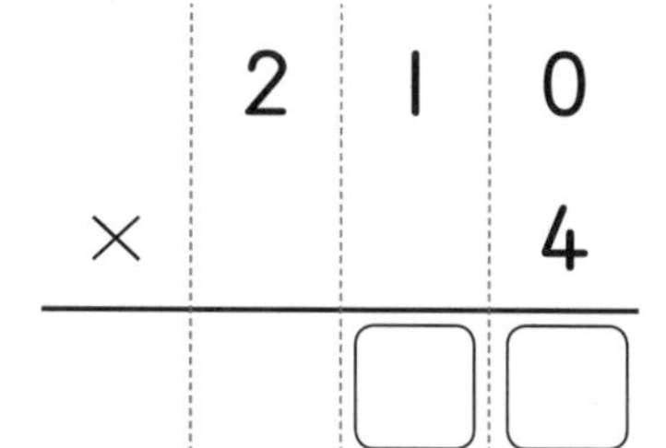

➡

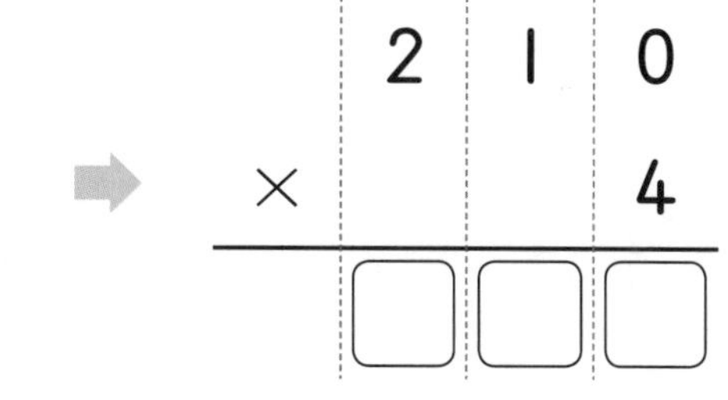

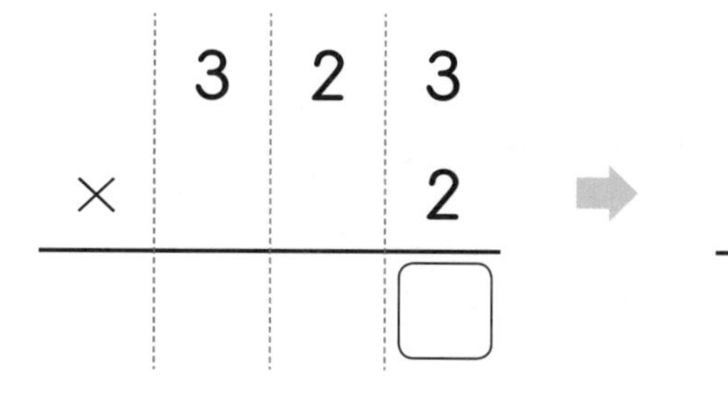

➡

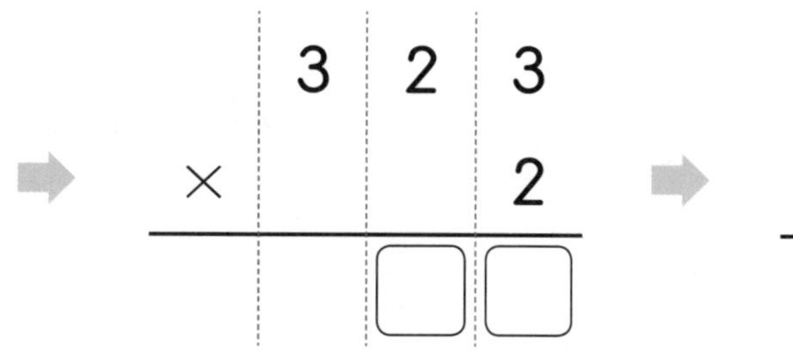

➡

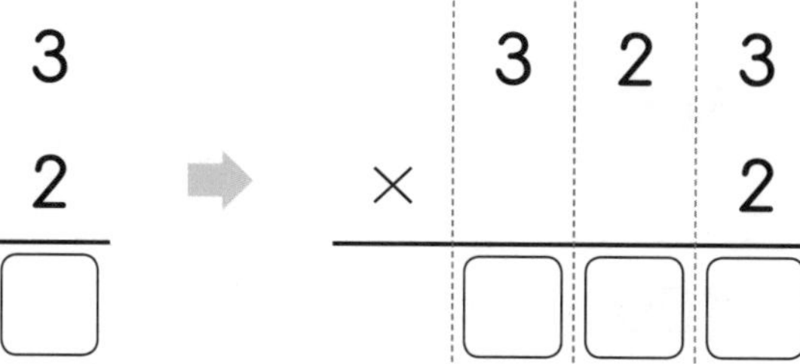

(몇백)×(몇)을 곱셈의 원리를 이용하여 계산해 보세요.

01 $10 \times 3 = \square$

$100 \times 3 = \square$

02 $30 \times 2 = \square$

$300 \times 2 = \square00$

03 $200 \times 2 = \square00$

$200 \times 4 = \square$

04 $400 \times 1 = \square$

$400 \times 2 = \square$

05 $300 \times 3 = \square$

$300 \times 4 = \square00$

$3 \times 4 = 12$

06 $200 \times 6 = \square$

$400 \times 6 = \square$

07 $500 \times 3 = \square$

$600 \times 3 = \square$

08 $600 \times 5 = \square$

$700 \times 5 = \square$

09 $800 \times 5 = \square$

$800 \times 7 = \square$

10 $900 \times 6 = \square$

$900 \times 9 = \square$

세 자리 수와 한 자리 수의 곱셈을 각 자리 수의 합을 이용하여 계산해 보세요.

01

	4	2	3
×			2
	3×2 →		
20×2 →			
400×2 →			

02

	1	4	4
×			2

03

	2	2	4
×			2

04

	3	1	2
×			2

05

	1	0	1
×			7

06

	2	2	1
×			4

07

	3	3	3
×			3

08

	2	3	2
×			3

09

	4	3	1
×			2

(몇백)×(몇)을 계산해 보세요.

01 $100 \times 2 =$

$100 \times 5 =$

$100 \times 7 =$

02 $200 \times 3 =$

$300 \times 3 =$

$400 \times 3 =$

03 $300 \times 4 =$

$600 \times 2 =$

$800 \times 2 =$

04 $400 \times 6 =$

$500 \times 6 =$

$600 \times 6 =$

05 $200 \times 2 =$

$500 \times 5 =$

$600 \times 4 =$

06 $700 \times 5 =$

$800 \times 5 =$

$900 \times 5 =$

07 $800 \times 3 =$

$800 \times 5 =$

$800 \times 7 =$

08 $300 \times 7 =$

$600 \times 7 =$

$900 \times 7 =$

09 $900 \times 4 =$

$900 \times 6 =$

$900 \times 8 =$

10 $700 \times 9 =$

$800 \times 9 =$

$900 \times 9 =$

(세 자리 수)×(한 자리 수)를 계산해 보세요.

01

	1	3	2
×			3

02

	1	2	1
×			4

03

	2	3	1
×			3

04

	1	2	0
×			4

05

	4	3	4
×			2

06

	1	1	1
×			7

07

	3	2	1
×			3

08

	2	1	1
×			2

09

	4	0	3
×			2

10

	2	4	4
×			2

11

	4	3	2
×			2

12

	3	1	0
×			2

13

	3	2	2
×			3

14

	1	1	1
×			9

15

	4	2	4
×			2

선으로 연결된 두 수의 곱을 가운데 빈칸에 써넣으세요.

01

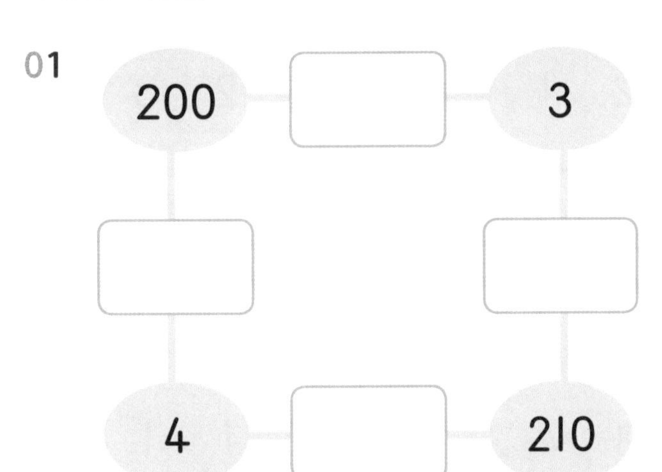

02

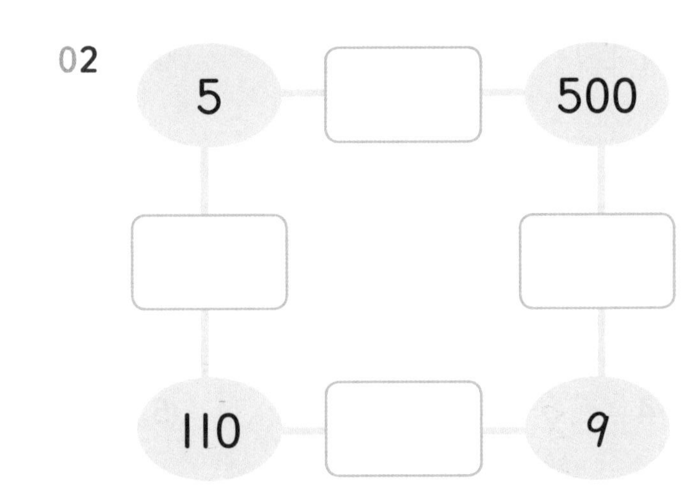

03

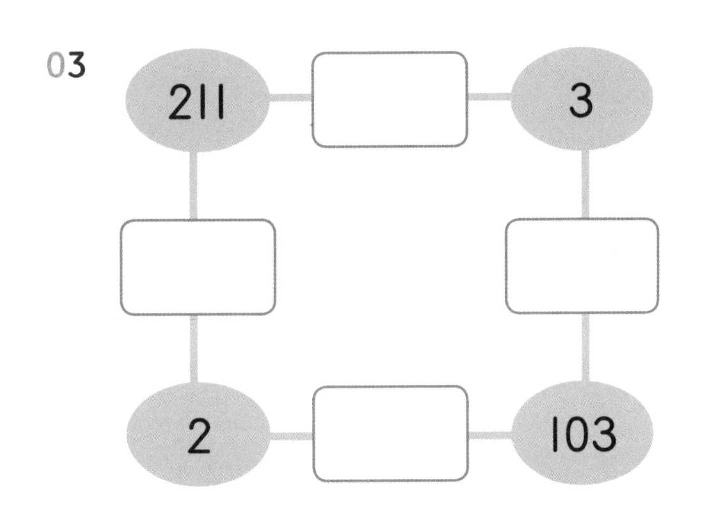

04

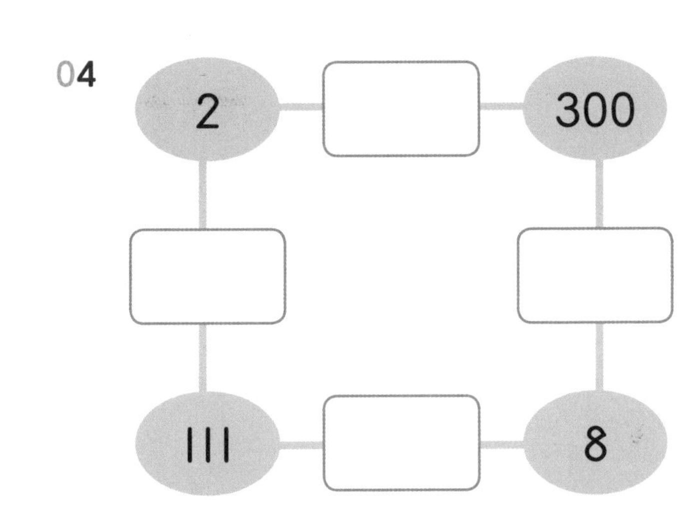

05

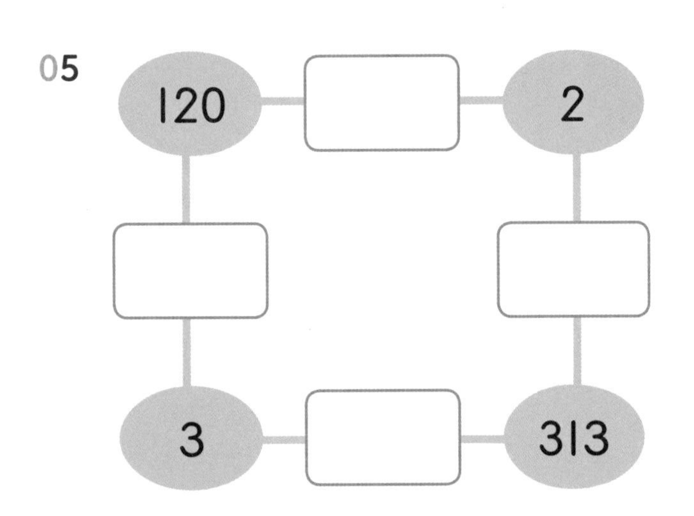

06

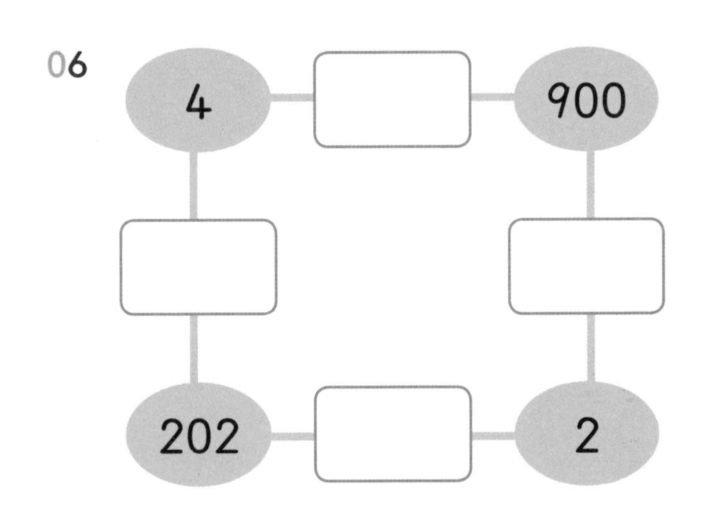

화살표 방향으로 곱셈을 하여 빈칸에 알맞은 수를 써넣으세요.

01

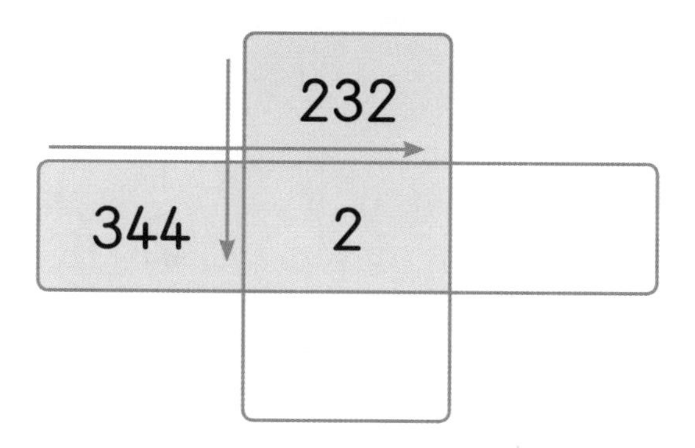

02

112

201 4

03

103 3

2

04

500 7

5

05

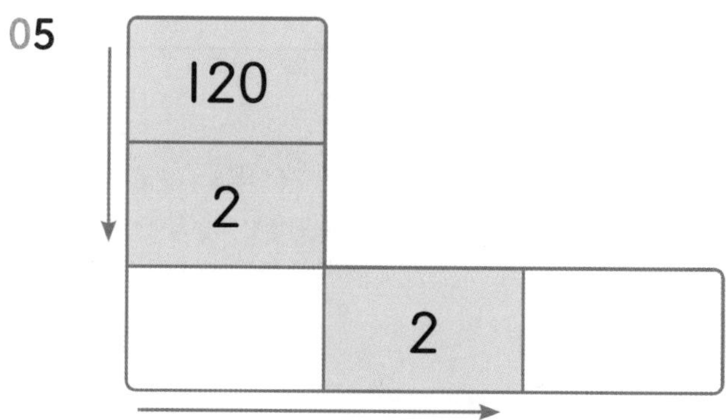

06

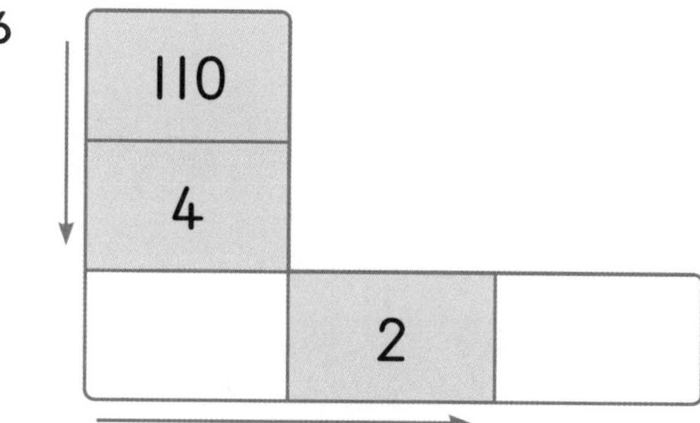

07

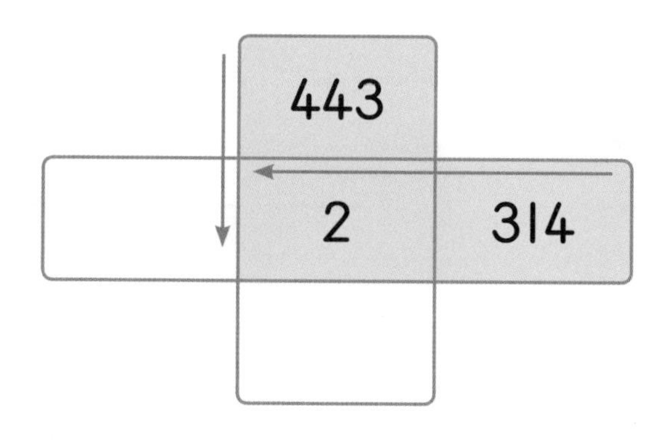

08

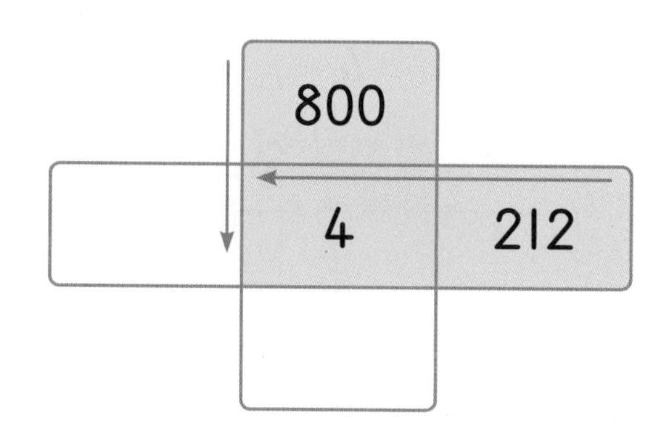

4 올림이 1번 있는 (세 자리 수)×(한 자리 수)

올림이 1번 있는 세 자리 수와 한 자리 수의 곱을 알아보아요.

1 일의 자리에서 올림이 있는 (세 자리 수)×(한 자리 수)

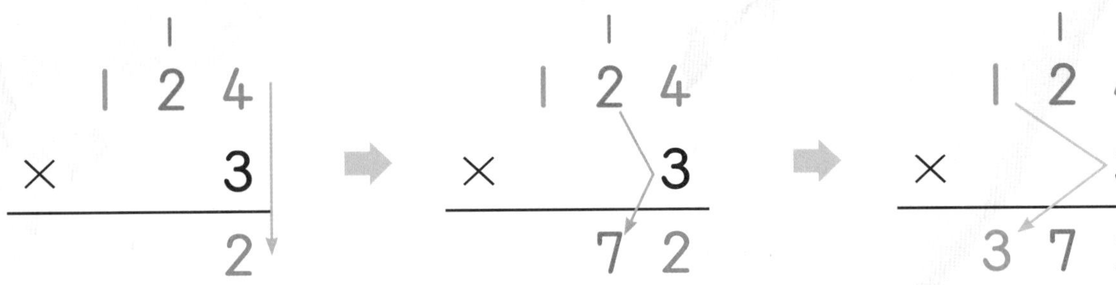

$4 \times 3 = 12$이므로
1은 십의 자리로 받아올려 쓰고,
2는 일의 자리에 써요.

$2 \times 3 = 6$이므로
6과 받아올린 1을 더하여
7을 십의 자리에 써요.

$1 \times 3 = 3$이므로 3은
백의 자리에 써요.

2 십의 자리에서 올림이 있는 (세 자리 수)×(한 자리 수)

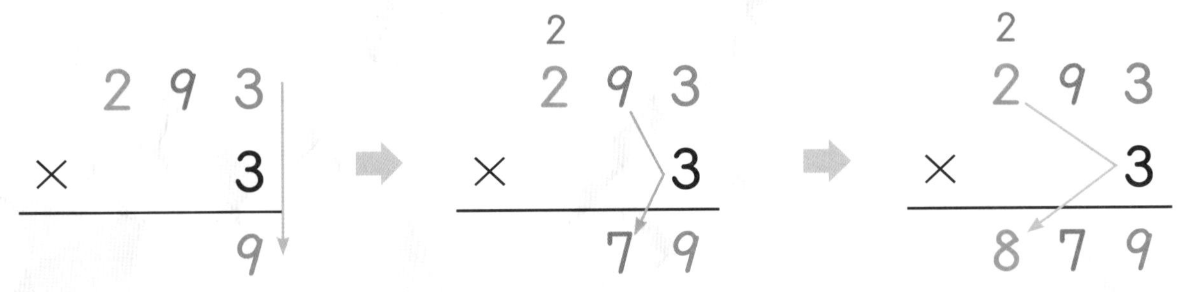

$3 \times 3 = 9$이므로 9는
일의 자리에 써요.

$9 \times 3 = 27$이므로 2는
백의 자리로 받아올려 쓰고,
7은 십의 자리에 써요.

$2 \times 3 = 6$이므로
6과 받아올린 2를 더하여
8을 백의 자리에 써요.

3 백의 자리에서 올림이 있는 (세 자리 수)×(한 자리 수)

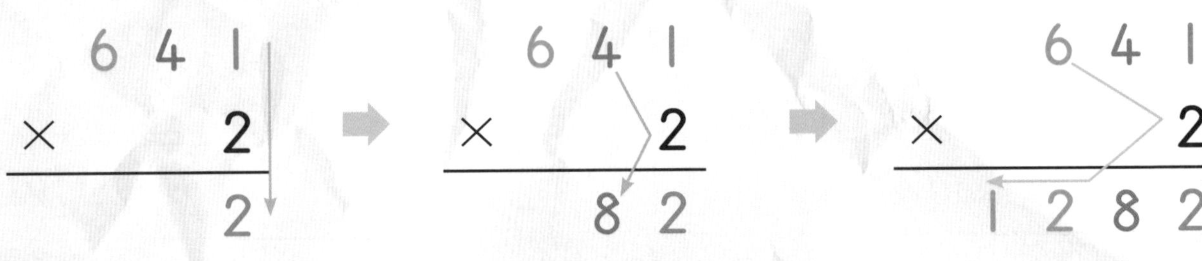

$1 \times 2 = 2$이므로 2는
일의 자리에 써요.

$4 \times 2 = 8$이므로 8은
십의 자리에 써요.

$6 \times 2 = 12$이므로
2는 백의 자리에, 올림한 수
1은 천의 자리에 써요.

원리가 쏙쏙 적용이 척척 풀이가 술술 실력이 쑥쑥

일의 자리 수부터 곱셈을 하여 □ 안에 알맞은 수를 써넣어 보세요.

01 일의 자리에서 올림이 있는 (세 자리 수)×(한 자리 수)

$$\begin{array}{r} \square \\ 2\ 1\ 9 \\ \times\quad\ \ 3 \\ \hline \square \end{array} \Rightarrow \begin{array}{r} \square\quad \\ 2\ 1\ 9 \\ \times\quad\ \ 3 \\ \hline \square\,\square \end{array} \Rightarrow \begin{array}{r} \square\quad \\ 2\ 1\ 9 \\ \times\quad\ \ 3 \\ \hline \square\,\square\,\square \end{array}$$

02 십의 자리에서 올림이 있는 (세 자리 수)×(한 자리 수)

$$\begin{array}{r} 3\ 6\ 3 \\ \times\quad\ \ 2 \\ \hline \square \end{array} \Rightarrow \begin{array}{r} \square\qquad \\ 3\ 6\ 3 \\ \times\quad\ \ 2 \\ \hline \square\,\square \end{array} \Rightarrow \begin{array}{r} \square\qquad \\ 3\ 6\ 3 \\ \times\quad\ \ 2 \\ \hline \square\,\square\,\square \end{array}$$

03 백의 자리에서 올림이 있는 (세 자리 수)×(한 자리 수)

$$\begin{array}{r} 2\ 1\ 1 \\ \times\quad\ \ 8 \\ \hline \square \end{array} \Rightarrow \begin{array}{r} 2\ 1\ 1 \\ \times\quad\ \ 8 \\ \hline \square\,\square \end{array} \Rightarrow \begin{array}{r} 2\ 1\ 1 \\ \times\quad\ \ 8 \\ \hline \square\,\square\,\square\,\square \end{array}$$

(세 자리 수) ×(한 자리 수)를 곱셈의 원리를 이용하여 계산해 보세요.

01 $339 \times 2 =$ ① □ + ② □ + ③ □ = □
(① 300×2, ② 30×2, ③ 9×2)

02 $163 \times 3 =$ □ + □ + □ = □

03 $611 \times 9 =$ □ + □ + □ = □

04 $437 \times 2 =$ □ + □ + □ = □

05 $120 \times 8 =$ □ + □ + □ = □

06 $534 \times 2 =$ □ + □ + □ = □

07 $814 \times 2 =$ □ + □ + □ = □

08 $318 \times 3 =$ □ + □ + □ = □

09 $161 \times 5 =$ □ + □ + □ = □

10 $811 \times 7 =$ □ + □ + □ = □

세 자리 수와 한 자리 수의 곱셈을 각 자리 수의 합을 이용하여 계산해 보세요.

01

	3	3	8
×			2
8×2 →			
30×2 →			
300×2 →			

02

	2	7	1
×			2

03

	1	0	9
×			2

04

	1	8	3
×			3

05

	4	5	3
×			2

06

	2	4	3
×			3

07

	6	3	2
×			2

08

	4	1	2
×			4

09

	7	2	1
×			4

올림이 1번 있는 (세 자리 수)×(한 자리 수)를 계산해 보세요.

01 314×3

02 208×4

03 219×3

04 494×2

05 132×4

06
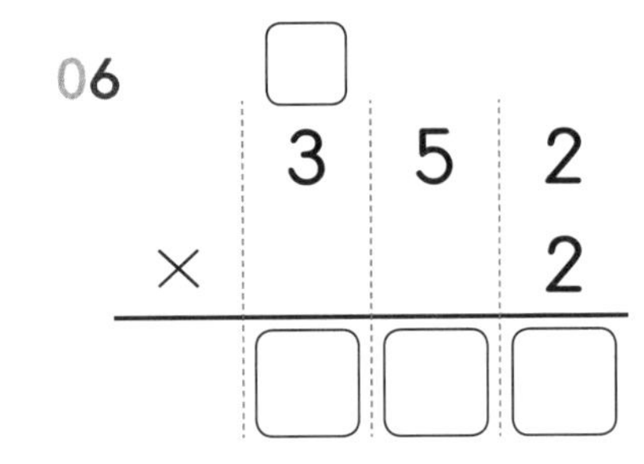

07 531×3

08 713×2

09 601×8

10 114×6

11 191×4

12
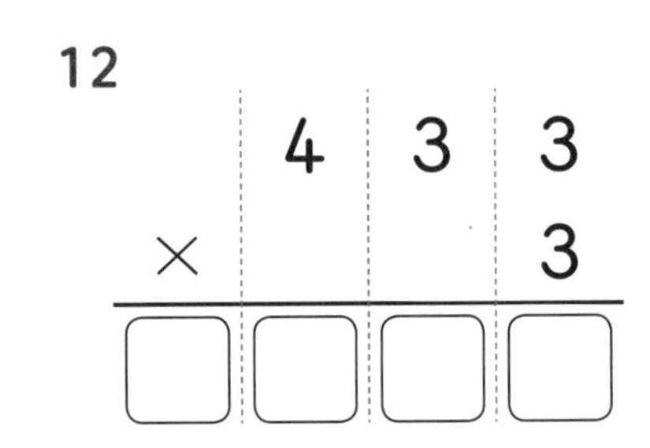

13 182×4

14 624×2

15 108×7

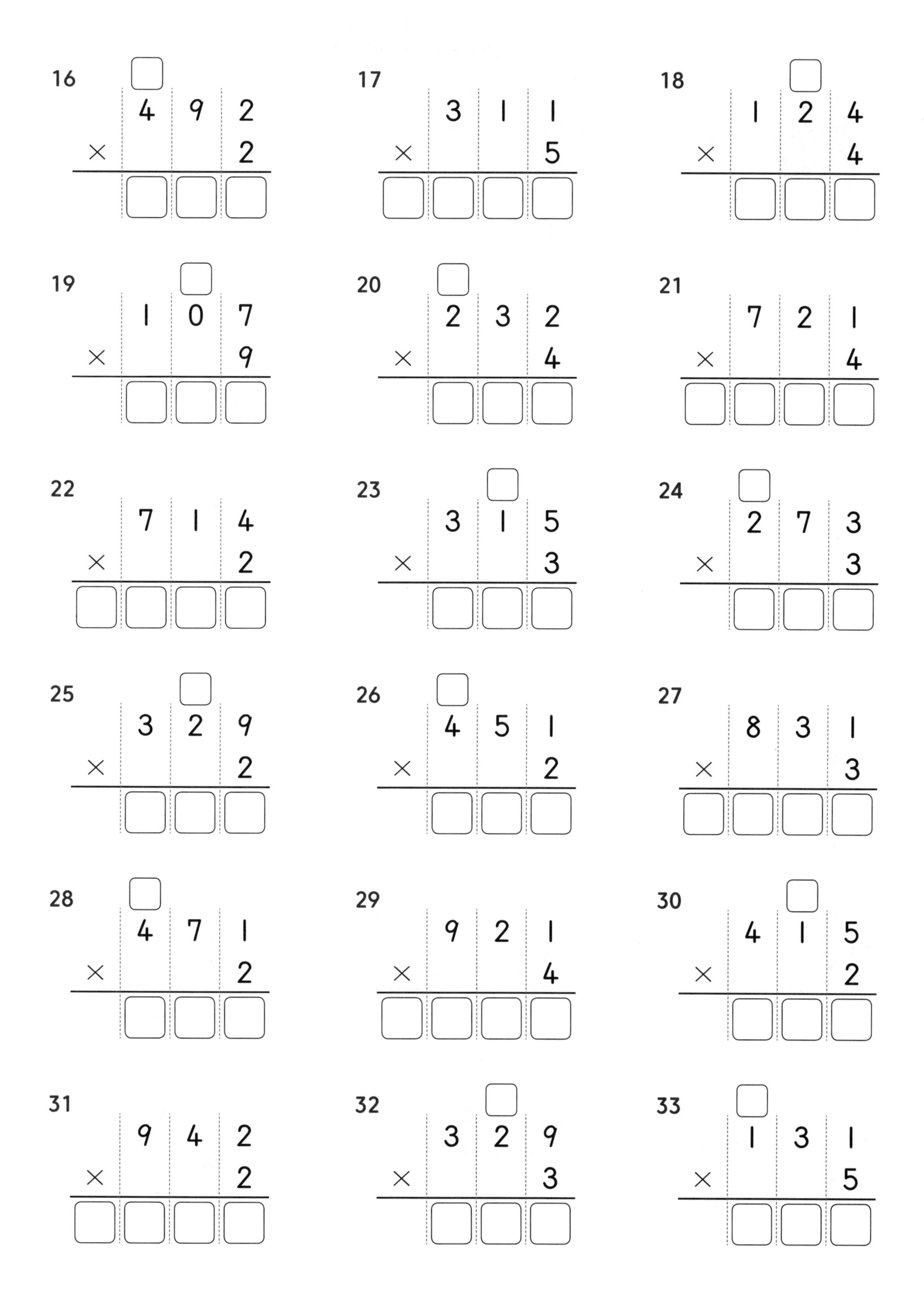
16
4 9 2
× 2
17
3 1 1
× 5
18
1 2 4
× 4
19
1 0 7
× 9
20
2 3 2
× 4
21
7 2 1
× 4
22
7 1 4
× 2
23
3 1 5
× 3
24
2 7 3
× 3
25
3 2 9
× 2
26
4 5 1
× 2
27
8 3 1
× 3
28
4 7 1
× 2
29
9 2 1
× 4
30
4 1 5
× 2
31
9 4 2
× 2
32
3 2 9
× 3
33
1 3 1
× 5

(세 자리 수)×(한 자리 수)를 계산해 보세요.

01 $\begin{array}{r} 119 \\ \times \quad 2 \\ \hline \end{array}$

02 $\begin{array}{r} 142 \\ \times \quad 3 \\ \hline \end{array}$

03 $\begin{array}{r} 704 \\ \times \quad 2 \\ \hline \end{array}$

04 $\begin{array}{r} 364 \\ \times \quad 2 \\ \hline \end{array}$

05 $\begin{array}{r} 914 \\ \times \quad 2 \\ \hline \end{array}$

06 $\begin{array}{r} 151 \\ \times \quad 5 \\ \hline \end{array}$

07 $\begin{array}{r} 137 \\ \times \quad 2 \\ \hline \end{array}$

08 $\begin{array}{r} 382 \\ \times \quad 2 \\ \hline \end{array}$

09 $\begin{array}{r} 451 \\ \times \quad 2 \\ \hline \end{array}$

10 $\begin{array}{r} 271 \\ \times \quad 3 \\ \hline \end{array}$

11 $\begin{array}{r} 105 \\ \times \quad 7 \\ \hline \end{array}$

12 $\begin{array}{r} 512 \\ \times \quad 4 \\ \hline \end{array}$

13 $\begin{array}{r} 283 \\ \times \quad 2 \\ \hline \end{array}$

14 $\begin{array}{r} 452 \\ \times \quad 2 \\ \hline \end{array}$

15 $\begin{array}{r} 126 \\ \times \quad 4 \\ \hline \end{array}$

16 $\begin{array}{r} 231 \\ \times \quad 4 \\ \hline \end{array}$

17 $\begin{array}{r} 226 \\ \times \quad 3 \\ \hline \end{array}$

18 $\begin{array}{r} 301 \\ \times \quad 8 \\ \hline \end{array}$

19. $\begin{array}{r} 291 \\ \times \quad 3 \\ \hline \end{array}$

20. $\begin{array}{r} 345 \\ \times \quad 2 \\ \hline \end{array}$

21. $\begin{array}{r} 417 \\ \times \quad 2 \\ \hline \end{array}$

22. $\begin{array}{r} 810 \\ \times \quad 9 \\ \hline \end{array}$

23. $\begin{array}{r} 131 \\ \times \quad 7 \\ \hline \end{array}$

24. $\begin{array}{r} 217 \\ \times \quad 4 \\ \hline \end{array}$

25. $\begin{array}{r} 439 \\ \times \quad 2 \\ \hline \end{array}$

26. $\begin{array}{r} 294 \\ \times \quad 2 \\ \hline \end{array}$

27. $\begin{array}{r} 714 \\ \times \quad 2 \\ \hline \end{array}$

28. $\begin{array}{r} 821 \\ \times \quad 4 \\ \hline \end{array}$

29. $\begin{array}{r} 219 \\ \times \quad 4 \\ \hline \end{array}$

30. $\begin{array}{r} 923 \\ \times \quad 3 \\ \hline \end{array}$

31. $\begin{array}{r} 361 \\ \times \quad 2 \\ \hline \end{array}$

32. $\begin{array}{r} 473 \\ \times \quad 2 \\ \hline \end{array}$

33. $\begin{array}{r} 513 \\ \times \quad 3 \\ \hline \end{array}$

34. $\begin{array}{r} 252 \\ \times \quad 3 \\ \hline \end{array}$

35. $\begin{array}{r} 631 \\ \times \quad 3 \\ \hline \end{array}$

36. $\begin{array}{r} 481 \\ \times \quad 2 \\ \hline \end{array}$

37. $\begin{array}{r} 723 \\ \times \quad 3 \\ \hline \end{array}$

38. $\begin{array}{r} 322 \\ \times \quad 4 \\ \hline \end{array}$

39. $\begin{array}{r} 812 \\ \times \quad 4 \\ \hline \end{array}$

5 올림이 여러 번 있는 (세 자리 수)×(한 자리 수)

올림이 여러 번 있는 세 자리 수와 한 자리 수의 곱은 일의 자리의 수부터 차례로 계산해요.

1 올림이 2번 있는 (세 자리 수)×(한 자리 수)

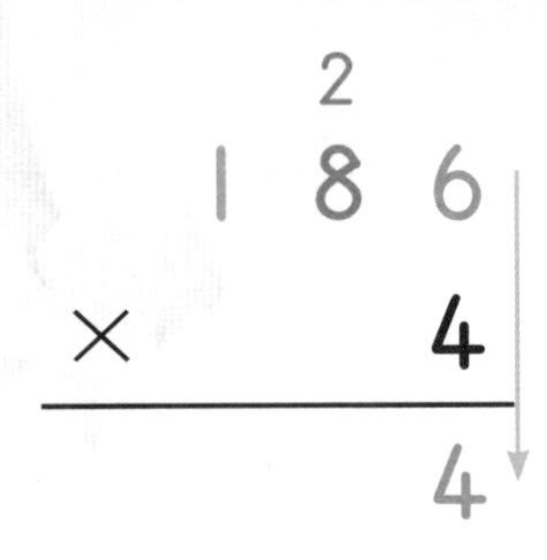

6×4=24이므로
2는 십의 자리로 받아올려 쓰고,
4는 일의 자리에 써요.

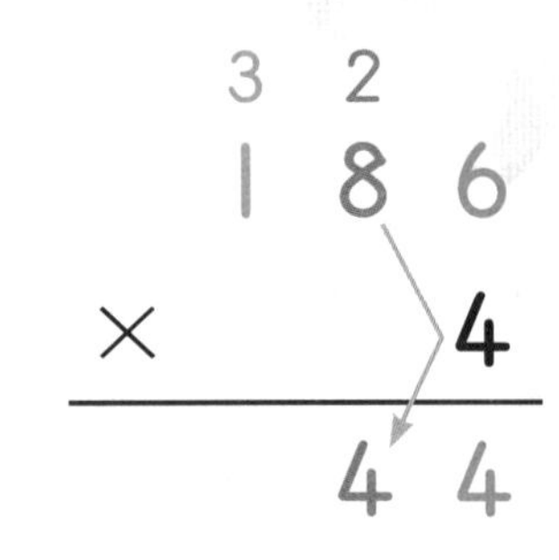

8×4=32에서
32와 받아올린 2를 더하면
34이므로 3은 백의 자리에
올려 쓰고, 4는 십의 자리에 써요.

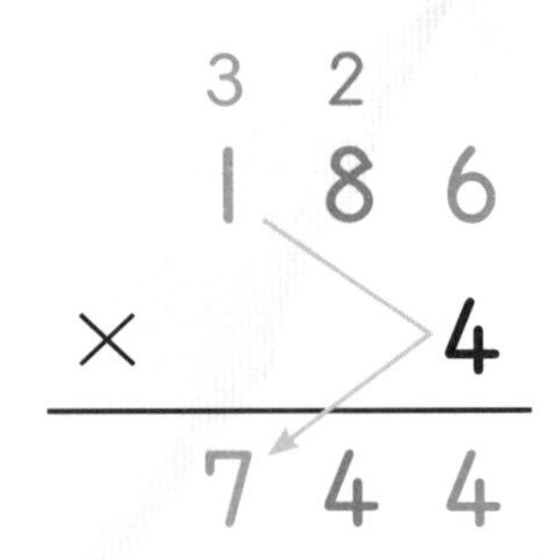

1×4=4이므로
받아올린 3과 더한 7을
백의 자리에 써요.

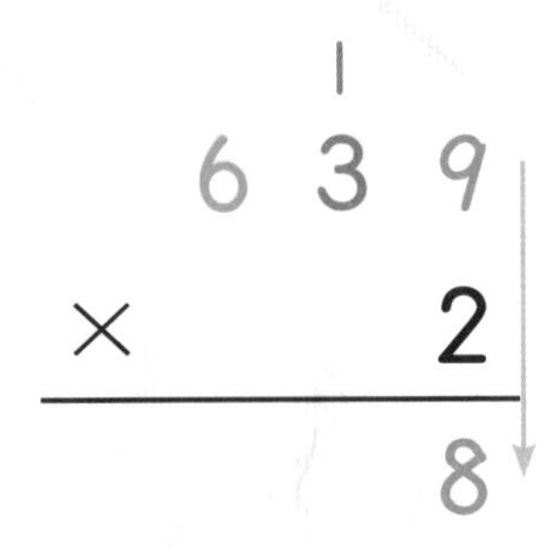

9×2=18이므로
1은 십의 자리로 받아올려 쓰고,
8은 일의 자리에 써요.

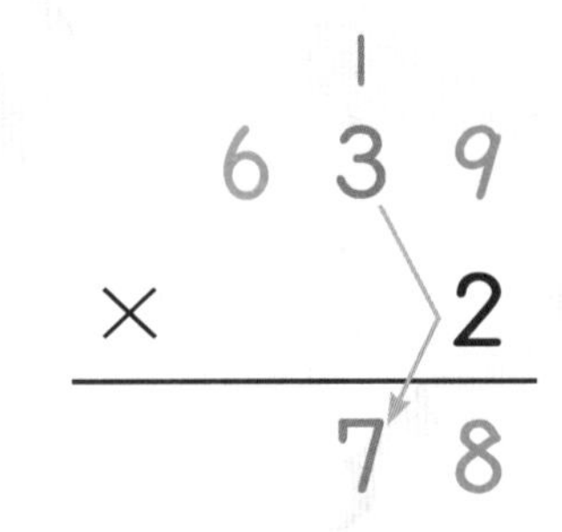

3×2=6이므로
받아올린 1과 더한 7을
십의 자리에 써요.

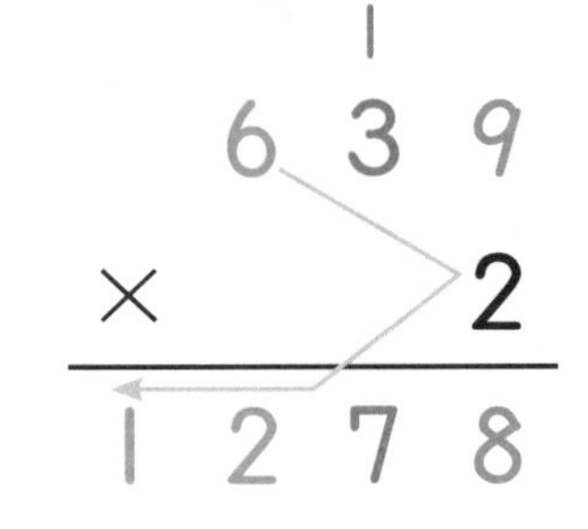

6×2=12이므로
2는 백의 자리에,
올림한 수 1은 천의 자리에 써요.

2 올림이 3번 있는 (세 자리 수)×(한 자리 수)

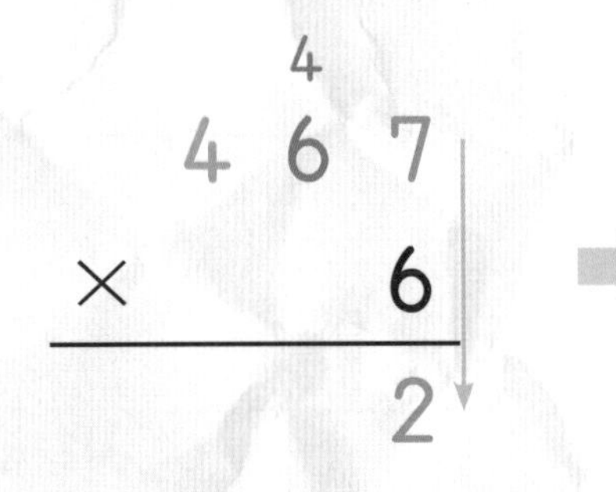

7×6=42이므로
4는 십의 자리로 받아올려 쓰고,
2는 일의 자리에 써요.

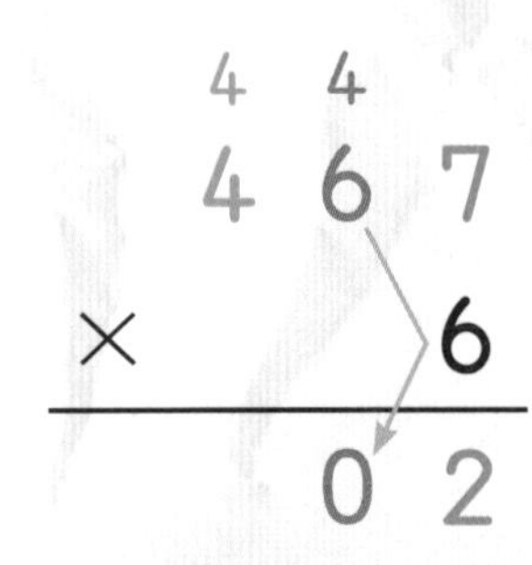

6×6=36에서
36과 받아올린 4를 더하면
40이므로 4는 백의 자리에
올려 쓰고, 0은 십의 자리에 써요.

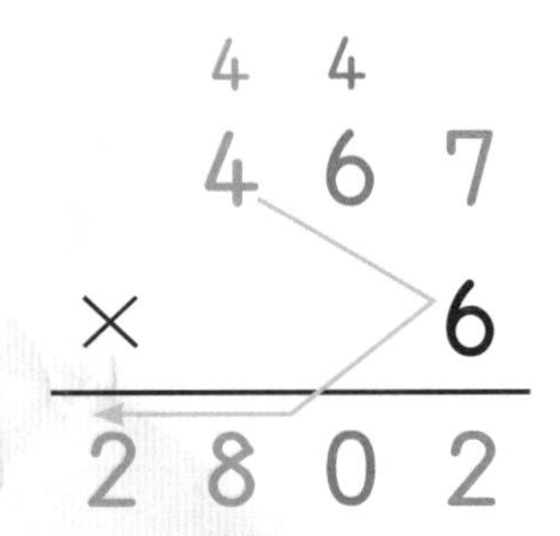

4×6=24이므로
24와 받아올린 4를 더하면
28이므로 8은 백의 자리에,
올림한 수 2는 천의 자리에 써요.

원리가 쏙쏙 | 적용이 척척 | 풀이가 술술 | 실력이 쑥쑥

일의 자리 수부터 곱셈을 하여 □ 안에 알맞은 수를 써넣어 보세요.

01 올림이 2번 있는 (세 자리 수) × (한 자리 수)

$$\begin{array}{r} \square \\ 2\ 4\ 6 \\ \times \quad\ \ 3 \\ \hline \square \end{array} \Rightarrow \begin{array}{r} \square\ \square \\ 2\ 4\ 6 \\ \times \quad\ \ 3 \\ \hline \square\ \square \end{array} \Rightarrow \begin{array}{r} \square\ \square \\ 2\ 4\ 6 \\ \times \quad\ \ 3 \\ \hline \square\ \square\ \square \end{array}$$

$$\begin{array}{r} \square \\ 4\ 1\ 5 \\ \times \quad\ \ 6 \\ \hline \square \end{array} \Rightarrow \begin{array}{r} \square \\ 4\ 1\ 5 \\ \times \quad\ \ 6 \\ \hline \square\ \square \end{array} \Rightarrow \begin{array}{r} \square \\ 4\ 1\ 5 \\ \times \quad\ \ 6 \\ \hline \square\ \square\ \square\ \square \end{array}$$

$$\begin{array}{r} 5\ 7\ 1 \\ \times \quad\ \ 8 \\ \hline \square \end{array} \Rightarrow \begin{array}{r} \square \\ 5\ 7\ 1 \\ \times \quad\ \ 8 \\ \hline \square\ \square \end{array} \Rightarrow \begin{array}{r} \square \\ 5\ 7\ 1 \\ \times \quad\ \ 8 \\ \hline \square\ \square\ \square\ \square \end{array}$$

02 올림이 3번 있는 (세 자리 수) × (한 자리 수)

$$\begin{array}{r} \square \\ 6\ 7\ 8 \\ \times \quad\ \ 2 \\ \hline \square \end{array} \Rightarrow \begin{array}{r} \square\ \square \\ 6\ 7\ 8 \\ \times \quad\ \ 2 \\ \hline \square\ \square \end{array} \Rightarrow \begin{array}{r} \square\ \square \\ 6\ 7\ 8 \\ \times \quad\ \ 2 \\ \hline \square\ \square\ \square\ \square \end{array}$$

세 자리 수와 한 자리 수의 곱셈을 각 자리 수의 합을 이용하여 계산해 보세요.

01

	4	1	8
×			4
8×4 →			
10×4 →			
400×4 →			

02

	9	5	4
×			2

03

	8	5	6
×			2

04

	3	4	7
×			7

05

	5	3	7
×			6

06

	7	3	5
×			7

07

	6	8	7
×			9

08

	9	4	2
×			4

09

	6	4	9
×			8

올림이 여러 번 있는 (세 자리 수)×(한 자리 수)를 계산해 보세요.

01 $269 \times 3 = \square\square\square$

02 $817 \times 4 = \square\square\square\square$

03 $583 \times 3 = \square\square\square\square$

04 $142 \times 6 = \square\square\square$

05 $251 \times 6 = \square\square\square\square$

06 $136 \times 5 = \square\square\square$

07 $763 \times 2 = \square\square\square\square$

08 $824 \times 3 = \square\square\square\square$

09 $762 \times 3 = \square\square\square\square$

10 $649 \times 2 = \square\square\square\square$

11 $928 \times 3 = \square\square\square\square$

12 $515 \times 3 = \square\square\square\square$

13 $884 \times 7 = \square\square\square\square$

14 $423 \times 9 = \square\square\square\square$

15 $975 \times 8 = \square\square\square\square$

(세 자리 수)×(한 자리 수)를 계산해 보세요.

01 $\begin{array}{r} 267 \\ \times \quad 3 \\ \hline \end{array}$

02 $\begin{array}{r} 369 \\ \times \quad 2 \\ \hline \end{array}$

03 $\begin{array}{r} 296 \\ \times \quad 5 \\ \hline \end{array}$

04 $\begin{array}{r} 742 \\ \times \quad 6 \\ \hline \end{array}$

05 $\begin{array}{r} 563 \\ \times \quad 8 \\ \hline \end{array}$

06 $\begin{array}{r} 154 \\ \times \quad 6 \\ \hline \end{array}$

07 $\begin{array}{r} 450 \\ \times \quad 6 \\ \hline \end{array}$

08 $\begin{array}{r} 684 \\ \times \quad 3 \\ \hline \end{array}$

09 $\begin{array}{r} 179 \\ \times \quad 8 \\ \hline \end{array}$

10 $\begin{array}{r} 288 \\ \times \quad 2 \\ \hline \end{array}$

11 $\begin{array}{r} 309 \\ \times \quad 5 \\ \hline \end{array}$

12 $\begin{array}{r} 341 \\ \times \quad 4 \\ \hline \end{array}$

13 $\begin{array}{r} 275 \\ \times \quad 3 \\ \hline \end{array}$

14 $\begin{array}{r} 365 \\ \times \quad 2 \\ \hline \end{array}$

15 $\begin{array}{r} 258 \\ \times \quad 8 \\ \hline \end{array}$

16 $\begin{array}{r} 132 \\ \times \quad 7 \\ \hline \end{array}$

17 $\begin{array}{r} 452 \\ \times \quad 4 \\ \hline \end{array}$

18 $\begin{array}{r} 119 \\ \times \quad 8 \\ \hline \end{array}$

19 $\begin{array}{r} 753 \\ \times \quad 2 \\ \hline \end{array}$

20 $\begin{array}{r} 924 \\ \times \quad 4 \\ \hline \end{array}$

21 $\begin{array}{r} 569 \\ \times \quad 8 \\ \hline \end{array}$

22 $\begin{array}{r} 248 \\ \times \quad 7 \\ \hline \end{array}$

23 $\begin{array}{r} 956 \\ \times \quad 2 \\ \hline \end{array}$

24 $\begin{array}{r} 386 \\ \times \quad 5 \\ \hline \end{array}$

25 $\begin{array}{r} 485 \\ \times \quad 6 \\ \hline \end{array}$

26 $\begin{array}{r} 546 \\ \times \quad 6 \\ \hline \end{array}$

27 $\begin{array}{r} 453 \\ \times \quad 6 \\ \hline \end{array}$

28 $\begin{array}{r} 775 \\ \times \quad 9 \\ \hline \end{array}$

29 $\begin{array}{r} 526 \\ \times \quad 8 \\ \hline \end{array}$

30 $\begin{array}{r} 691 \\ \times \quad 6 \\ \hline \end{array}$

31 $\begin{array}{r} 838 \\ \times \quad 6 \\ \hline \end{array}$

32 $\begin{array}{r} 178 \\ \times \quad 8 \\ \hline \end{array}$

33 $\begin{array}{r} 976 \\ \times \quad 9 \\ \hline \end{array}$

34 $\begin{array}{r} 627 \\ \times \quad 3 \\ \hline \end{array}$

35 $\begin{array}{r} 693 \\ \times \quad 9 \\ \hline \end{array}$

36 $\begin{array}{r} 561 \\ \times \quad 9 \\ \hline \end{array}$

37 $\begin{array}{r} 466 \\ \times \quad 3 \\ \hline \end{array}$

38 $\begin{array}{r} 735 \\ \times \quad 7 \\ \hline \end{array}$

39 $\begin{array}{r} 842 \\ \times \quad 4 \\ \hline \end{array}$

곱셈을 하여 빈칸에 알맞은 수를 써넣으세요.

01 258 →(×3)→ □ →(×2)→ □

02 178 →(×2)→ □ →(×4)→ □

03 236 →(×2)→ □ →(×3)→ □

04 163 →(×5)→ □ →(×4)→ □

05 189 →(×3)→ □ →(×6)→ □

06 389 →(×2)→ □ →(×4)→ □

07 297 →(×3)→ □ →(×7)→ □

08 164 →(×3)→ □ →(×9)→ □

09 459 →(×2)→ □ →(×7)→ □

10 194 →(×5)→ □ →(×8)→ □

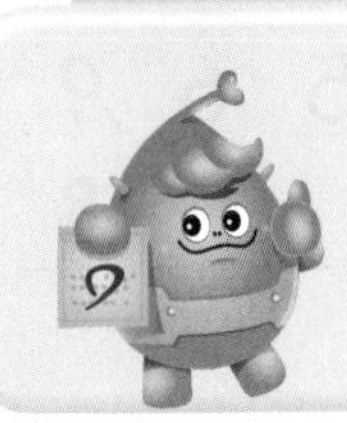

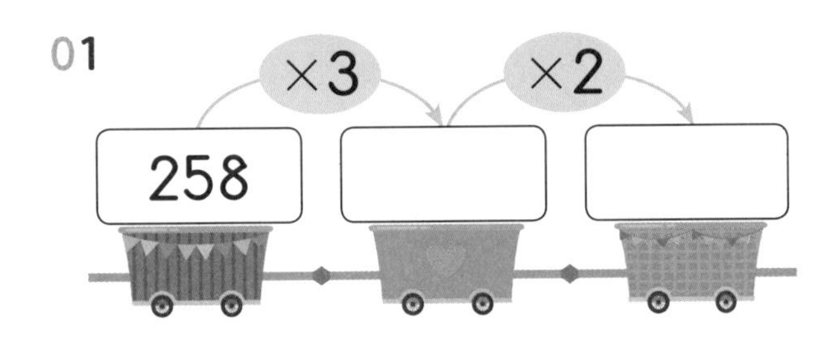

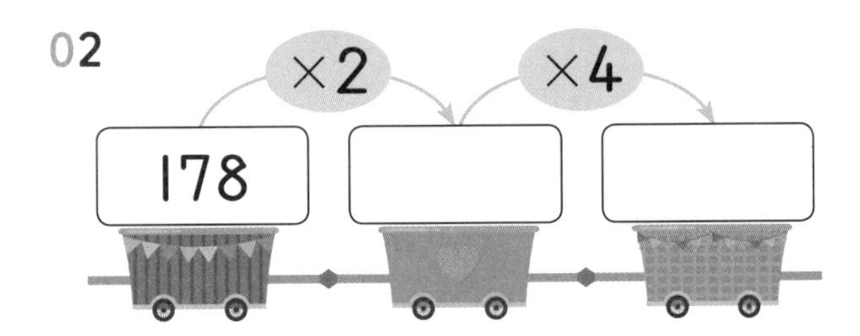

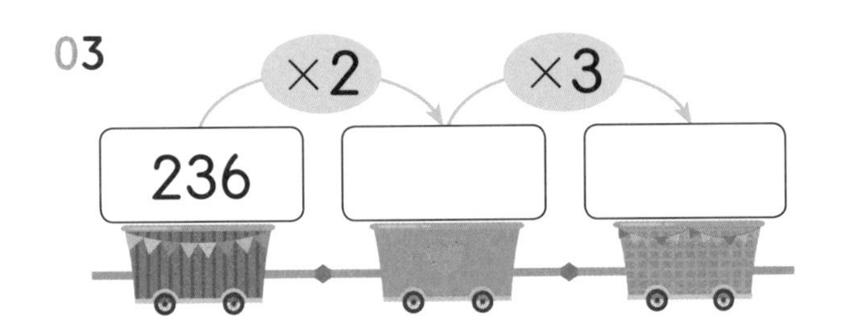

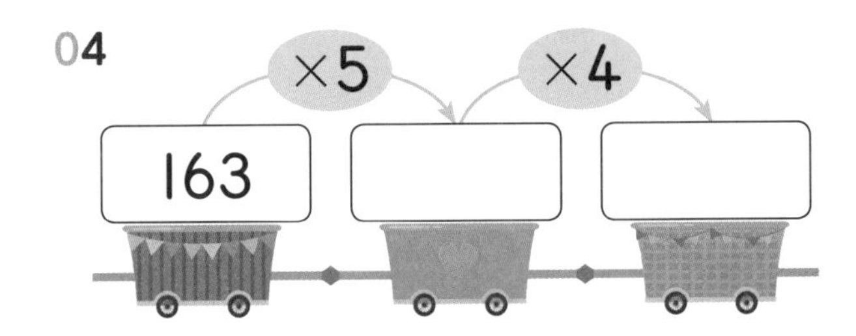

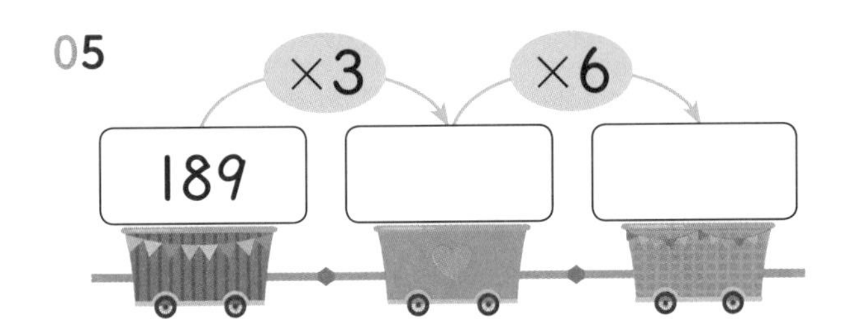

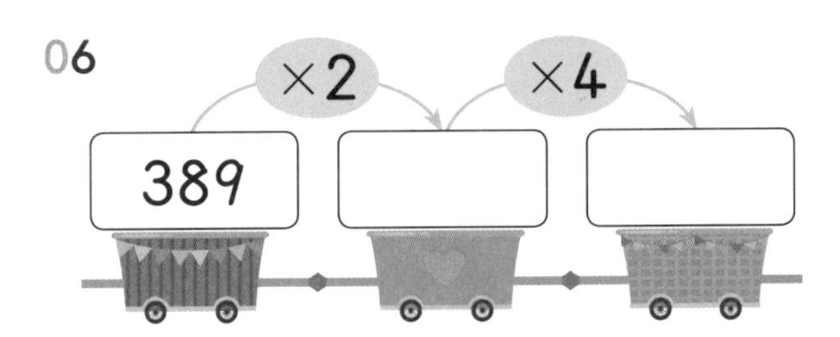

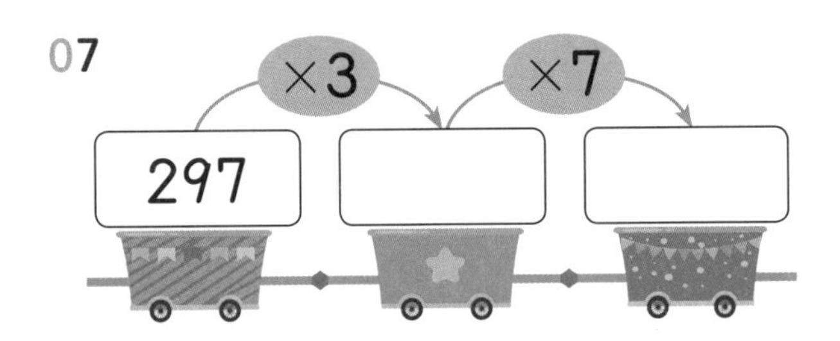

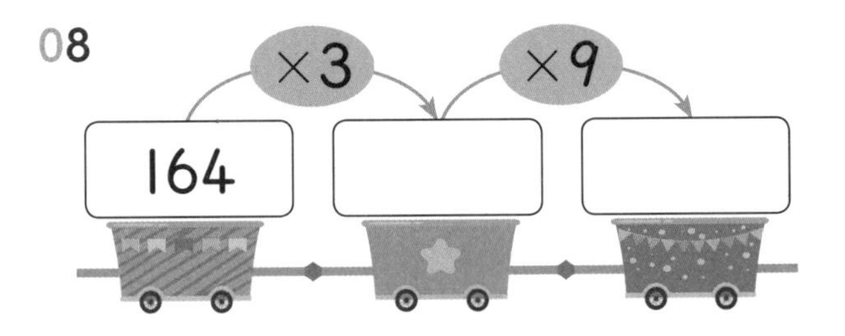

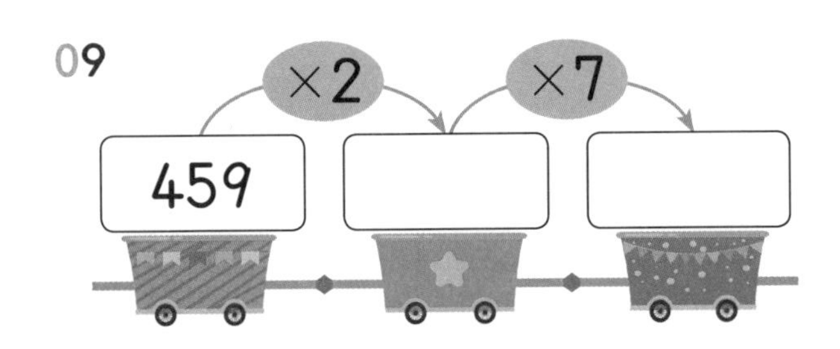

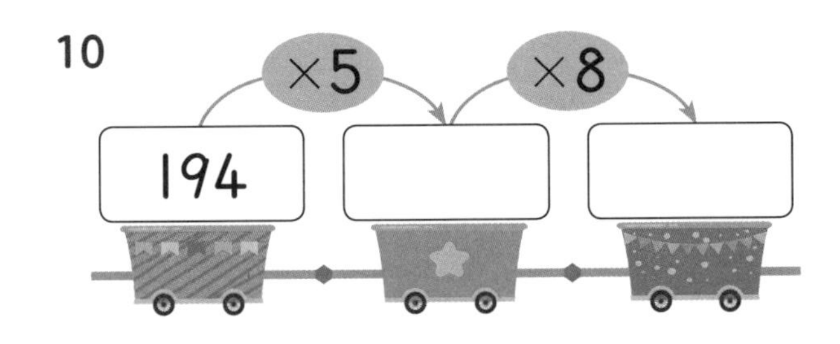

화살표 방향으로 곱셈을 하여 빈칸을 채워 보세요.

01

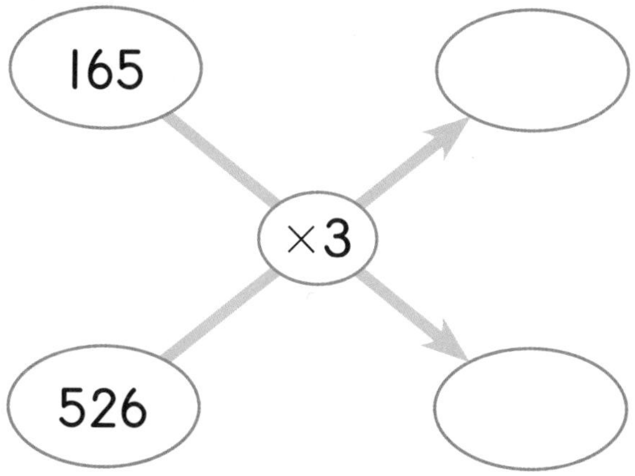

02

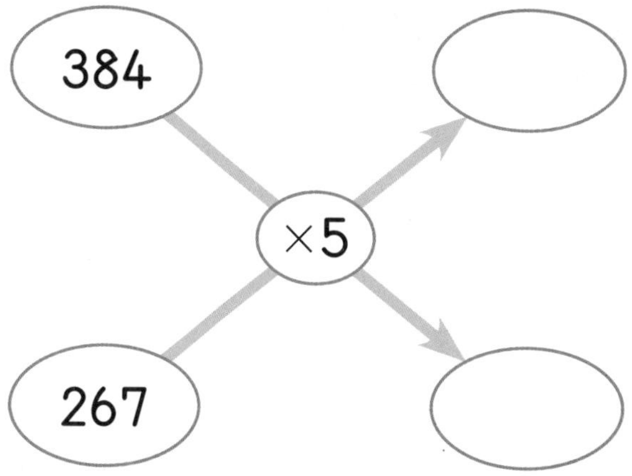

03

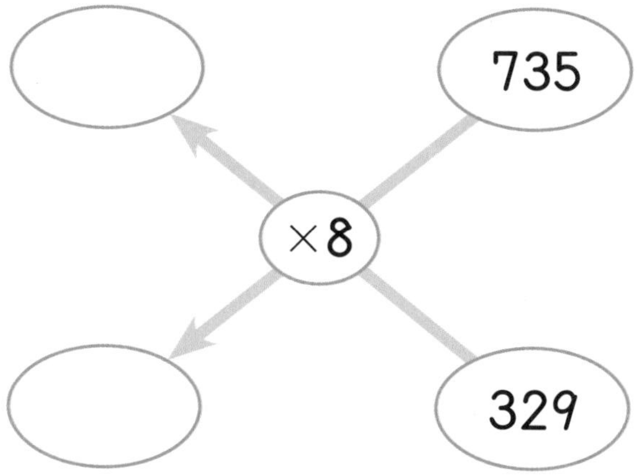

04

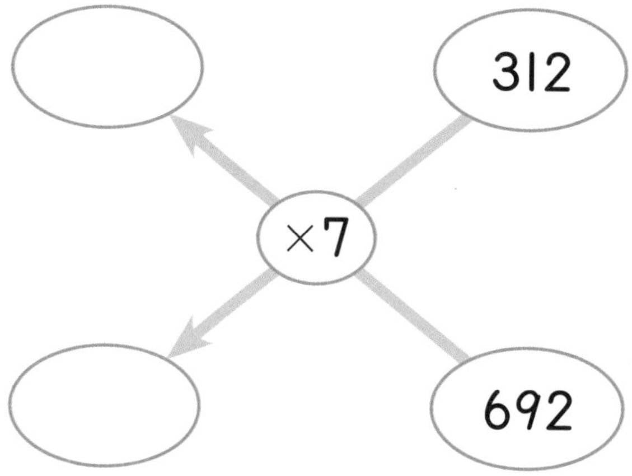

05

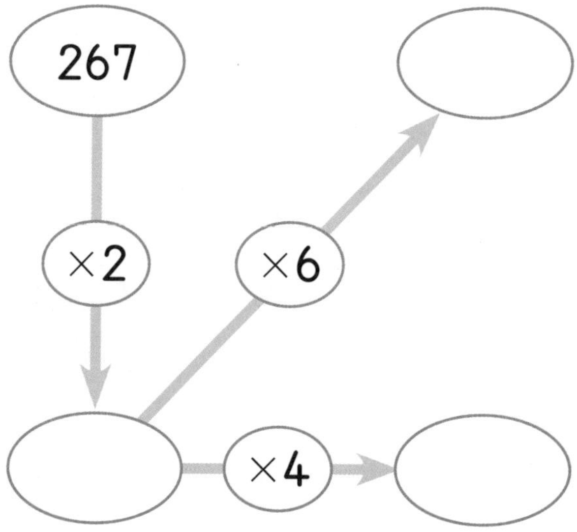

06

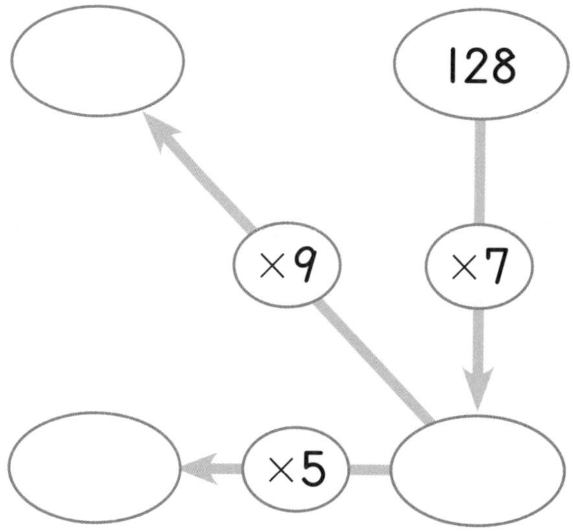

1~5 연산의 활용

1에서 배운 연산으로 해결해 봐요!

▶ 크기를 비교하여 □ 안에 들어갈 수 있는 수를 모두 찾아 ○ 해 보세요.

01 $230 \times 3 > 110 \times \square$

3 4 5 6 7

02 $221 \times \square < 414 \times 2$

1 2 3 4 5

03 $323 \times \square < 322 \times 3$

1 2 3 4 5

04 $600 \times 4 > 400 \times \square$

3 4 5 6 7

05 $102 \times 9 < 306 \times \square$

1 2 3 4 5

06 $832 \times \square > 612 \times 4$

1 2 3 4 5

07 $925 \times 4 > 500 \times \square$

5 6 7 8 9

08 $825 \times \square < 687 \times 8$

4 5 6 7 8

▶ 주어진 수 카드를 모두 한 번씩 사용하여 곱셈식을 완성해 보세요.

빈칸 추론

01 [3] [0] [1] [3]

$$\begin{array}{r} \square\ 3\ 0 \\ \times \quad\ \square \\ \hline \square\ 9\ \square \end{array}$$

02 [4] [8] [2] [2]

$$\begin{array}{r} 1\ \square\ 3 \\ \times \quad\ \square \\ \hline \square\ \square\ 6 \end{array}$$

03 [5] [1] [0] [1]

$$\begin{array}{r} \square\ \square\ 8 \\ \times \quad\ 5 \\ \hline \square\ 9\ \square \end{array}$$

04 [2] [4] [6] [4]

$$\begin{array}{r} \square\ 9\ 1 \\ \times \quad\ \square \\ \hline \square\ 9\ \square\ 6 \end{array}$$

05 [4] [9] [8] [2]

$$\begin{array}{r} \square\ 3\ 7 \\ \times \quad\ \square \\ \hline \square\ 4\ \square \end{array}$$

06 [2] [2] [8] [8]

$$\begin{array}{r} 7\ \square\ 8 \\ \times \quad\ \square \\ \hline 5\ \square\ \square\ 4 \end{array}$$

▶ 이야기들 속에 주어진 조건을 생각하며 식을 세우고 답을 구해 보세요. **문장제**

01 한 박스에 사탕이 230개씩 들어 있을 때, 사탕 박스 3개에 들어 있는 사탕은 모두 몇 개입니까?

식

답 개

02 예진이 집에서 서점까지는 408m입니다. 오늘 집에서 서점까지 다녀왔다면 예진이가 이동한 거리는 총 몇 m입니까?

식

답 m

03 재우네 학교에서는 한 학년에 546장씩 도화지를 사용합니다. 6개 학년이 사용하는 도화지는 모두 몇 장입니까?

식

답 장

04 1년은 365일입니다. 5년은 총 며칠입니까?

식

답 일

1에서 무엇을 배웠을까요?

(두 자리 수)×(한 자리 수)

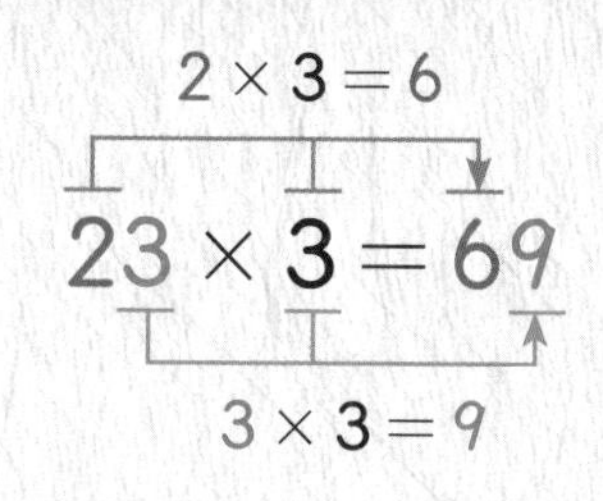

올림이 있는 (두 자리 수)×(한 자리 수)

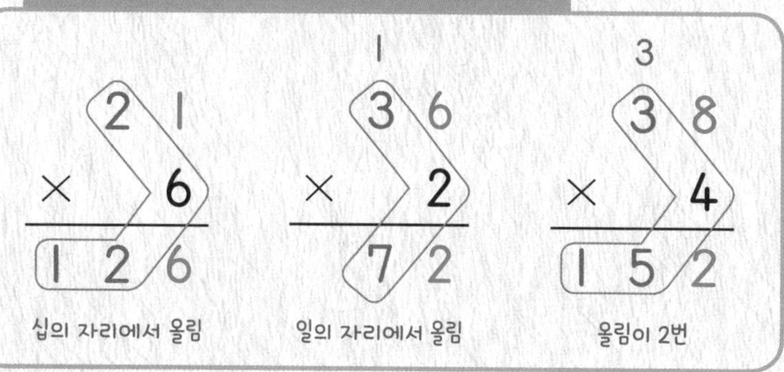

21 × 6 = 126
십의 자리에서 올림
1
36 × 2 = 72
일의 자리에서 올림
3
38 × 4 = 152
올림이 2번

올림이 없는 (세 자리 수)×(한 자리 수)

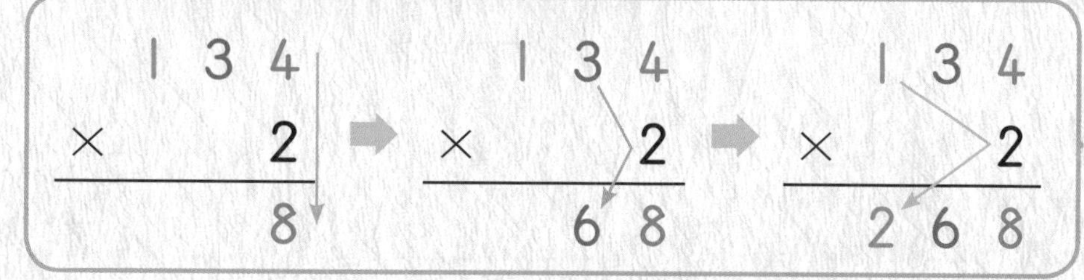

올림이 1번 있는 (세 자리 수)×(한 자리 수)

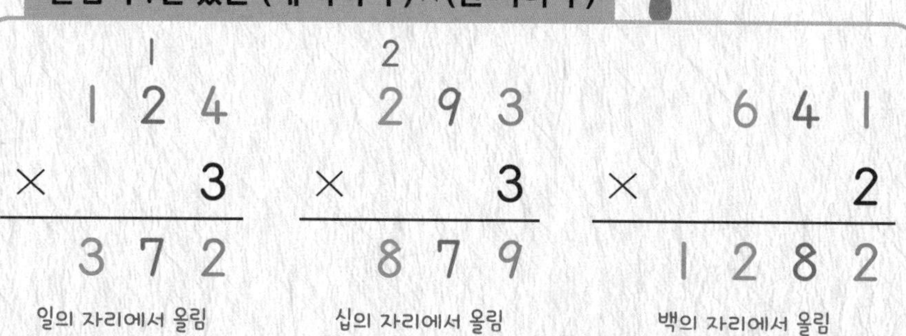

1
124 × 3 = 372
일의 자리에서 올림
2
293 × 3 = 879
십의 자리에서 올림
641 × 2 = 1282
백의 자리에서 올림

올림이 여러 번 있는 (세 자리 수)×(한 자리 수)

$$\begin{array}{r} {}^{3\,2} \\ 186 \\ \times \quad 4 \\ \hline 744 \end{array} \qquad \begin{array}{r} {}^{1} \\ 639 \\ \times \quad 2 \\ \hline 1278 \end{array} \qquad \begin{array}{r} {}^{4\,4} \\ 467 \\ \times \quad 6 \\ \hline 2802 \end{array}$$

올림이 2번

올림이 3번

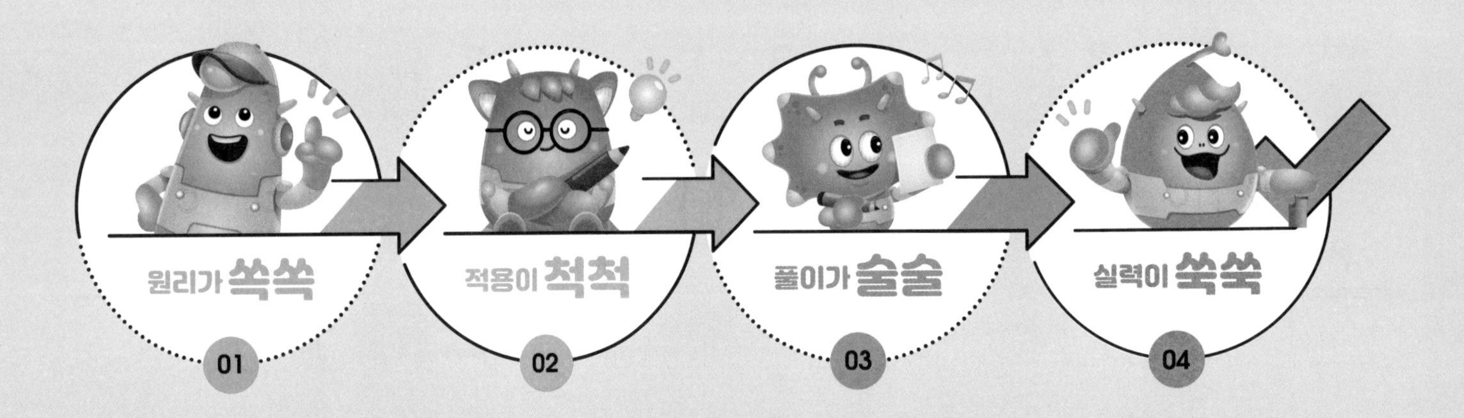
원리가 쏙쏙
01
적용이 척척
02
풀이가 술술
03
실력이 쑥쑥
04

2

곱셈 (2)

(두 자리 수)×(두 자리 수) (1)

몇십을 포함한 두 자리 수끼리의 곱은 0의 개수에 주의하여 계산해요.

1 (몇십)×(몇십)

$2 \times 3 = 6$

$20 \times 30 = 600$

0이 2개

20×30은 2×3의 곱에 0을 2개 붙인 것과 같아요.

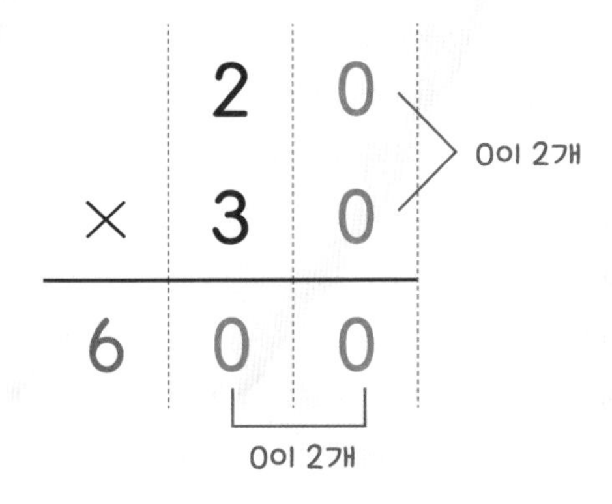

두 수에 있는 0의 수만큼
0을 뒤에 써야 해요.

2 (몇십몇)×(몇십)

$23 \times 3 = 69$

$23 \times 30 = 690$

0이 1개

23×30은 23×3의 곱에 0을 1개 붙인 것과 같아요.

$$\begin{array}{r} 2\,3 \\ \times\ 3\,0 \\ \hline 6\,9\,0 \end{array}$$

0이 1개

0이 1개

23과 3의 곱 뒤에 0을 1개
써야 해요.

(몇십)×(몇십)과 (몇십몇)×(몇십)을 원리를 이용하여 계산해 보세요.

01 (몇십)×(몇십)

$20 \times 20 = \square 00$

	2	0
×	2	0
□	□	□

$30 \times 40 = \square 00$

		4	0
×		3	0
□	□	□	□

02 (몇십몇)×(몇십)

$14 \times 30 = \square 0$

	1	4
×	3	0
□	□	□

$28 \times 40 = \square 0$

		2	8
×		4	0
□	□	□	□

멸 배를 이용하여 (몇십)×(몇십)을 해 보세요.

01 $6 \times 1 = \square$

10배, 10배, 100배

$60 \times 10 = \square 00$

02 $3 \times 5 = \square$

10배, 10배, 100배

$30 \times 50 = \square 00$

03 $2 \times 4 = \square$

$20 \times 40 = \square$

04 $7 \times 2 = \square$

$70 \times 20 = \square$

05 $3 \times 3 = \square$

$30 \times 30 = \square$

06 $5 \times 5 = \square$

$50 \times 50 = \square$

07 $1 \times 7 = \square$

$10 \times 70 = \square$

08 $6 \times 4 = \square$

$60 \times 40 = \square$

09 $8 \times 1 = \square$

$80 \times 10 = \square$

10 $9 \times 6 = \square$

$90 \times 60 = \square$

몇 배를 이용하여 (몇십몇)×(몇십)을 해 보세요.

01 $12 \times 3 =$ ☐

10배 10배

$12 \times 30 =$ ☐0

02 $25 \times 5 =$ ☐

10배 10배

$25 \times 50 =$ ☐0

03 $35 \times 2 =$ ☐

$35 \times 20 =$ ☐

04 $27 \times 7 =$ ☐

$27 \times 70 =$ ☐

05 $48 \times 2 =$ ☐

$48 \times 20 =$ ☐

06 $56 \times 4 =$ ☐

$56 \times 40 =$ ☐

07 $62 \times 6 =$ ☐

$62 \times 60 =$ ☐

08 $75 \times 3 =$ ☐

$75 \times 30 =$ ☐

09 $88 \times 7 =$ ☐

$88 \times 70 =$ ☐

10 $94 \times 9 =$ ☐

$94 \times 90 =$ ☐

(몇십)×(몇십), (몇십몇)×(몇십)을 세로셈으로 해 보세요.

01

		3	0
×		4	0

02

		3	0
×		6	0

03

		5	0
×		7	0

04

		1	7
×		3	0

05

		2	3
×		6	0

06

		3	6
×		5	0

07

		4	2
×		8	0

08

		8	3
×		7	0

09

		1	5
×		7	0

10

		6	7
×		3	0

11

		4	9
×		5	0

12

		3	0
×		9	0

13

		6	0
×		8	0

14

		1	6
×		5	0

15

		4	9
×		8	0

16

		8	5
×		4	0

17

		9	7
×		2	0

18

		5	5
×		8	0

19

		8	0
×		4	0

20

		7	4
×		7	0

21

		2	8
×		9	0

22

		6	8
×		4	0

23

		9	3
×		6	0

24

		8	4
×		9	0

25

		8	0
×		7	0

26

		9	5
×		9	0

27

		4	9
×		6	0

원리가 쑥쑥 적용이 척척 풀이가 술술 실력이 쑥쑥

곱셈을 하여 빈칸에 알맞는 수를 써넣으세요.

01

× 20

40	
80	
50	
90	

02

× 10

26	
69	
	460
	930

03

× 30

33	
55	
90	
62	

04

× 60

86	
10	
59	
70	

05

× 50

53	
87	
90	

06

× 90

64	
90	
87	

07

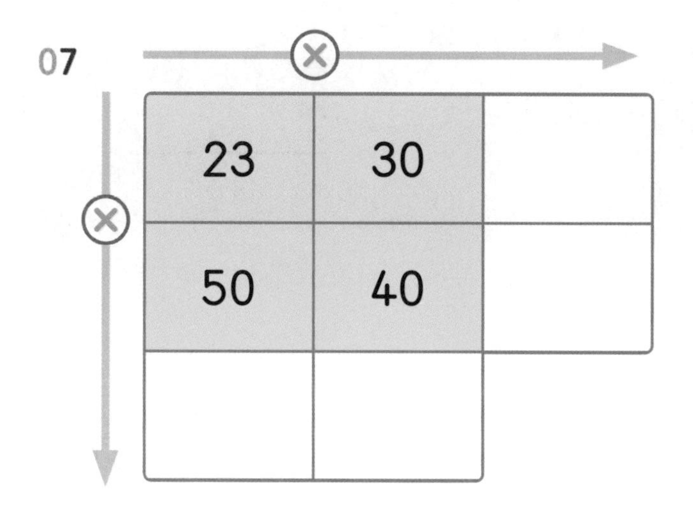

08

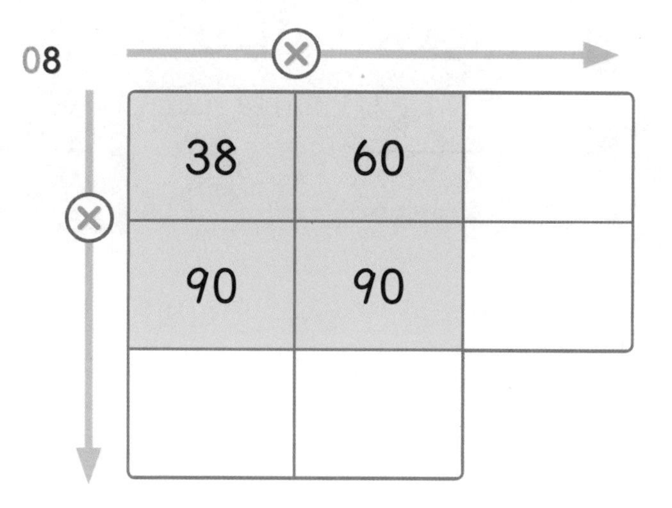

09

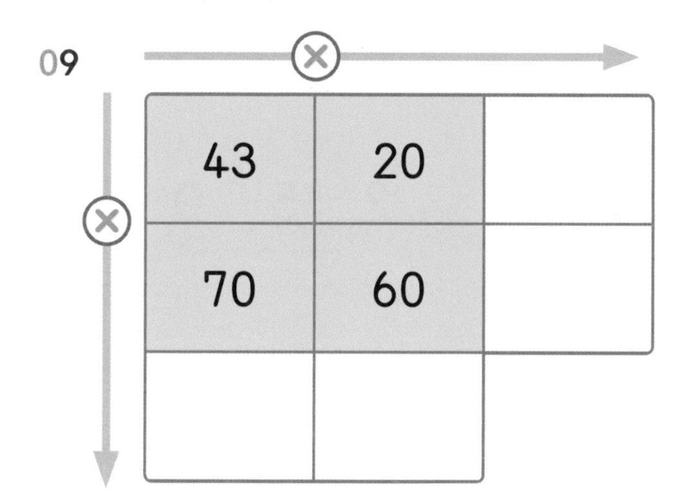

10

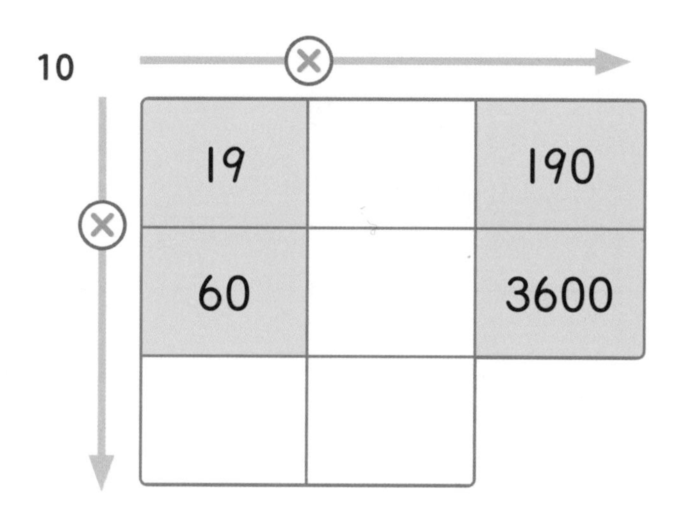

11

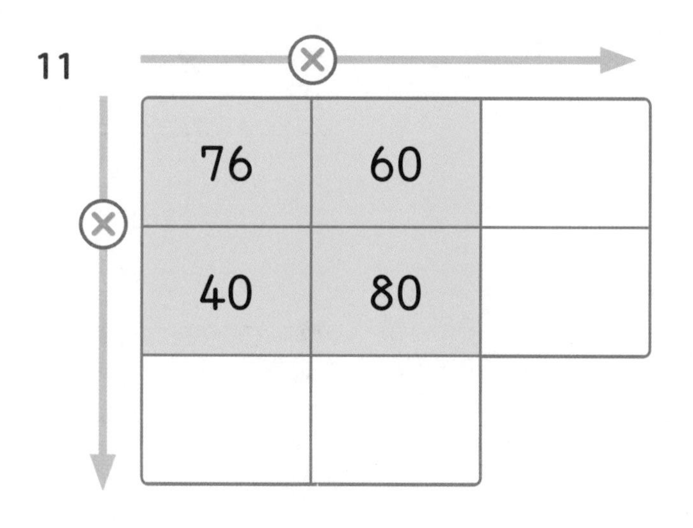

12

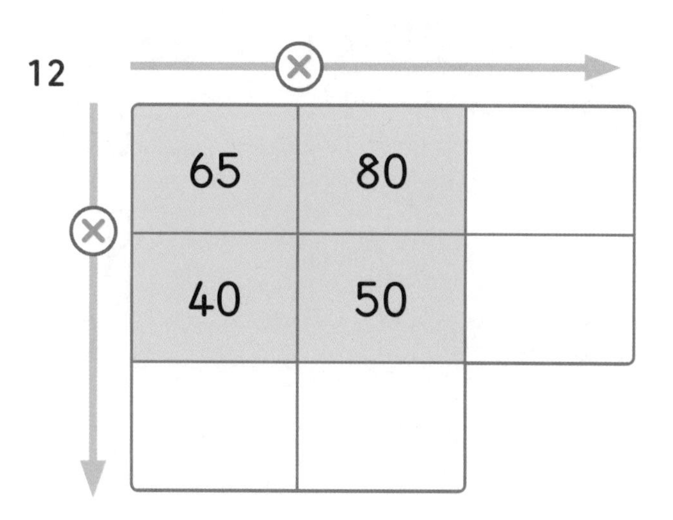

(두 자리 수)×(두 자리 수) (2)

올림이 한 번 있는 두 자리 수끼리의 곱을 알아보아요.

1 올림이 한 번 있는 (몇십몇)×(몇십몇)

25×12를 계산해 보아요.

자리를 잘 맞추어 계산해야 해요.

	1	
	2	5
×	1	2
	5	0

25×2를 해요.

➡

	2	5
×	1	2
	5	0
2	5	0

25×10을 해요.

➡

	2	5
×	1	2
	5	0
2	5	0
3	0	0

50+250을 해요.

위의 세로셈과 마찬가지로, 25를 10과 2에 각각 곱하여 그 곱끼리 더하면 돼요.

$$25 \times \underset{10+2}{12} = 25 \times 10 + 25 \times 2$$
$$= 250 + 50$$
$$= 300$$

원리가 쑥쑥 | 적용이 척척 | 풀이가 술술 | 실력이 쑥쑥

올림이 한 번 있는 (몇십몇)×(몇십몇)을 순서에 따라 계산해 보세요.

01 (몇십몇)×(몇십몇)

$$\begin{array}{r} \square \\ 1\ 4 \\ \times\ 1\ 5 \\ \hline \square\ \square \end{array} \Rightarrow \begin{array}{r} 1\ 4 \\ \times\ 1\ 5 \\ \hline \square \\ \square \end{array} \Rightarrow \begin{array}{r} 1\ 4 \\ \times\ 1\ 5 \\ \hline \square \\ \square \\ \hline \square \end{array}$$

$$\begin{array}{r} \square \\ 4\ 5 \\ \times\ 1\ 8 \\ \hline \square\ \square\ \square \end{array} \Rightarrow \begin{array}{r} 4\ 5 \\ \times\ 1\ 8 \\ \hline \square \\ \square \end{array} \Rightarrow \begin{array}{r} 4\ 5 \\ \times\ 1\ 8 \\ \hline \square \\ \square \\ \hline \square \end{array}$$

$45 \times 18 = 45 \times 10 + 45 \times \square$

$= \square + \square$

$= \square$

올림이 한 번 있는 (몇십몇)×(몇십몇)을 가로셈으로 해 보세요.

01

$46 \times 21 = 46 \times 20 + 46 \times \square$

$= \square + \square$

$= \square$

02

$22 \times 15 = 22 \times 10 + 22 \times \square$

$= \square + \square$

$= \square$

03

$34 \times 27 = 34 \times \square + 34 \times 7$

$= \square + \square$

$= \square$

04

$51 \times 31 = 51 \times \square + 51 \times 1$

$= \square + \square$

$= \square$

05

$24 \times 24 = \square \times 20 + 24 \times 4$

$= \square + \square$

$= \square$

06

$45 \times 19 = \square \times 10 + 45 \times 9$

$= \square + \square$

$= \square$

07

$62 \times 14 = \square \times 10 + 62 \times \square$

$= \square + \square$

$= \square$

08

$82 \times 31 = \square \times 30 + 82 \times \square$

$= \square + \square$

$= \square$

올림이 한 번 있는 (몇십몇)×(몇십몇)을 일의 자리 수의 곱부터 순서대로 계산해 보세요.

01

$$\begin{array}{r} 21 \\ \times\ 47 \\ \hline \square \\ \square \\ \hline \square \end{array}$$

21×7

21×40

02

$$\begin{array}{r} 32 \\ \times\ 16 \\ \hline \square \\ \square \\ \hline \square \end{array}$$

03

$$\begin{array}{r} 56 \\ \times\ 14 \\ \hline \square \\ \square \\ \hline \square \end{array}$$

04

$$\begin{array}{r} 43 \\ \times\ 18 \\ \hline \square \\ \square \\ \hline \square \end{array}$$

05

$$\begin{array}{r} 27 \\ \times\ 25 \\ \hline \square \\ \square \\ \hline \square \end{array}$$

06

$$\begin{array}{r} 39 \\ \times\ 12 \\ \hline \square \\ \square \\ \hline \square \end{array}$$

07

$$\begin{array}{r} 61 \\ \times\ 16 \\ \hline \square \\ \square \\ \hline \square \end{array}$$

08

$$\begin{array}{r} 78 \\ \times\ 12 \\ \hline \square \\ \square \\ \hline \square \end{array}$$

09

$$\begin{array}{r} 35 \\ \times\ 16 \\ \hline \square \\ \square \\ \hline \square \end{array}$$

(몇십몇)×(몇십몇)을 세로셈으로 해 보세요.

01
$$\begin{array}{r} 23 \\ \times\ 24 \\ \hline \end{array}$$

02
$$\begin{array}{r} 54 \\ \times\ 12 \\ \hline \end{array}$$

03
$$\begin{array}{r} 53 \\ \times\ 13 \\ \hline \end{array}$$

04
$$\begin{array}{r} 12 \\ \times\ 72 \\ \hline \end{array}$$

05
$$\begin{array}{r} 14 \\ \times\ 32 \\ \hline \end{array}$$

06
$$\begin{array}{r} 55 \\ \times\ 14 \\ \hline \end{array}$$

07
$$\begin{array}{r} 17 \\ \times\ 21 \\ \hline \end{array}$$

08
$$\begin{array}{r} 43 \\ \times\ 18 \\ \hline \end{array}$$

09
$$\begin{array}{r} 35 \\ \times\ 12 \\ \hline \end{array}$$

10
$$\begin{array}{r} 64 \\ \times\ 15 \\ \hline \end{array}$$

11
$$\begin{array}{r} 53 \\ \times\ 12 \\ \hline \end{array}$$

12
$$\begin{array}{r} 31 \\ \times\ 27 \\ \hline \end{array}$$

13

$$\begin{array}{r} 14 \\ \times \quad 26 \\ \hline \end{array}$$

14

$$\begin{array}{r} 49 \\ \times \quad 21 \\ \hline \end{array}$$

15

$$\begin{array}{r} 33 \\ \times \quad 17 \\ \hline \end{array}$$

16

$$\begin{array}{r} 44 \\ \times \quad 16 \\ \hline \end{array}$$

17

$$\begin{array}{r} 72 \\ \times \quad 14 \\ \hline \end{array}$$

18

$$\begin{array}{r} 25 \\ \times \quad 21 \\ \hline \end{array}$$

19

$$\begin{array}{r} 53 \\ \times \quad 21 \\ \hline \end{array}$$

20

$$\begin{array}{r} 21 \\ \times \quad 72 \\ \hline \end{array}$$

21

$$\begin{array}{r} 42 \\ \times \quad 23 \\ \hline \end{array}$$

22

$$\begin{array}{r} 41 \\ \times \quad 27 \\ \hline \end{array}$$

23

$$\begin{array}{r} 81 \\ \times \quad 18 \\ \hline \end{array}$$

24

$$\begin{array}{r} 92 \\ \times \quad 41 \\ \hline \end{array}$$

25

$$\begin{array}{r} 53 \\ \times \quad 17 \\ \hline \end{array}$$

26

$$\begin{array}{r} 27 \\ \times \quad 31 \\ \hline \end{array}$$

27

$$\begin{array}{r} 81 \\ \times \quad 14 \\ \hline \end{array}$$

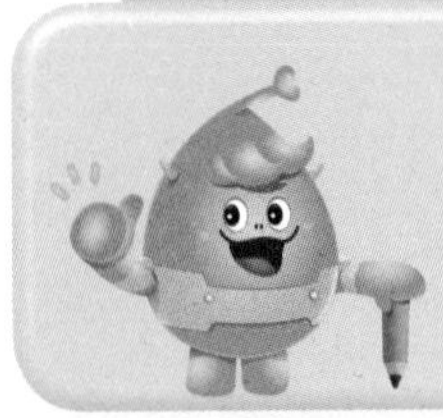

화살표 방향으로 곱셈을 하여 빈칸을 채워 보세요.

01

14, 43 → ×15 → ( ), ( )

02

35, 83 → ×12 → ( ), ( )

03

21, 13 → ×25 → ( ), ( )

04

17, 27 → ×34 → ( ), ( )

05

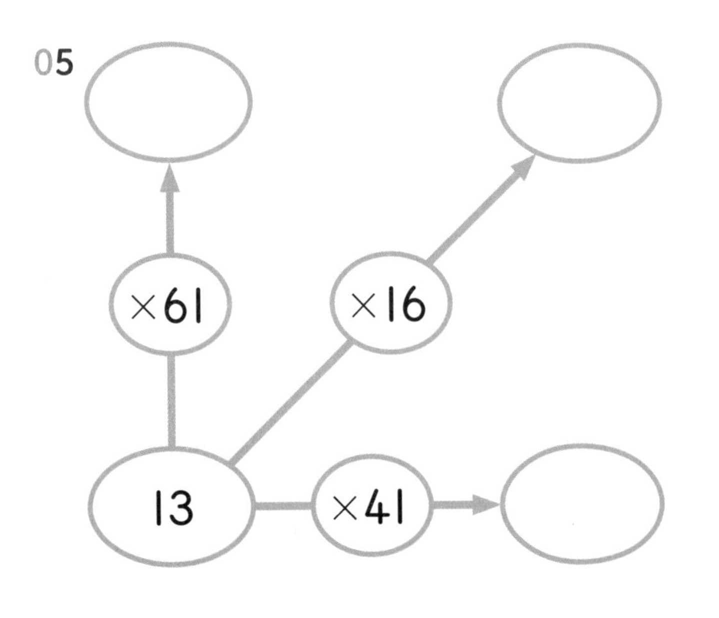

06

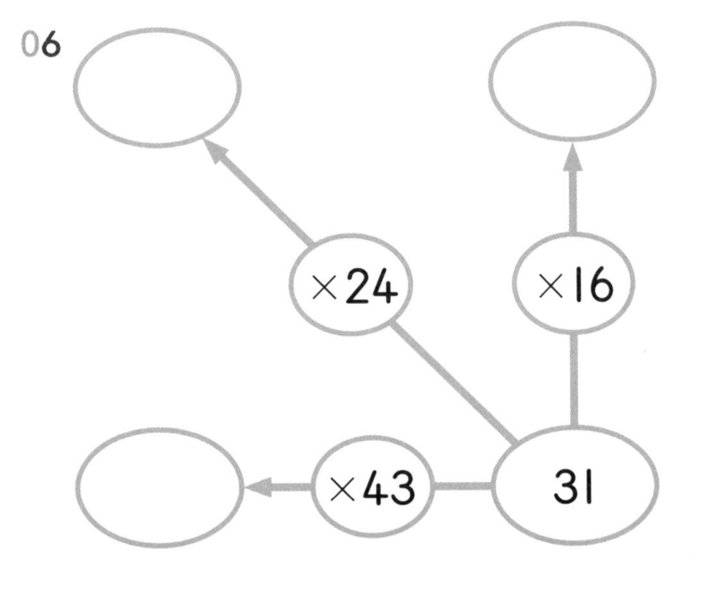

07

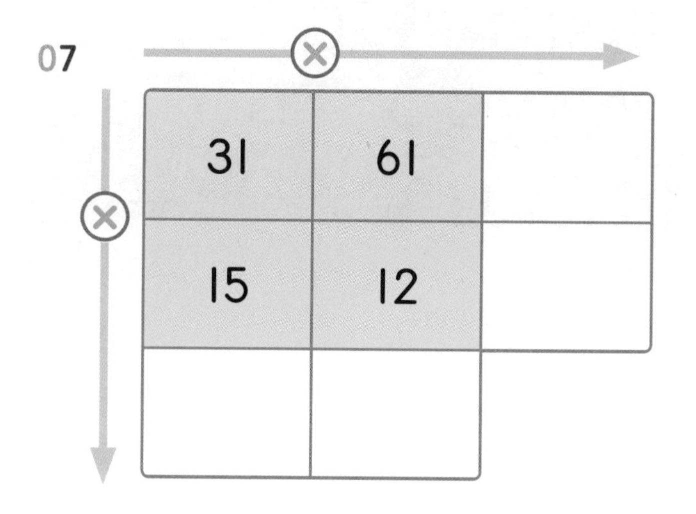

08

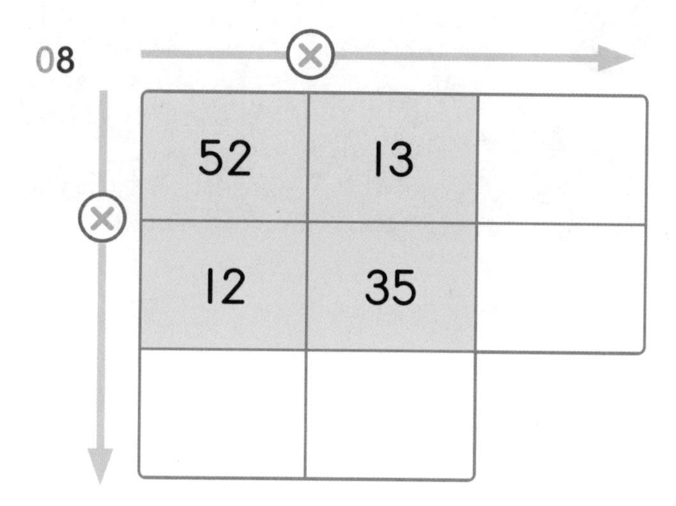

09

12 | 18
26 | 13

10

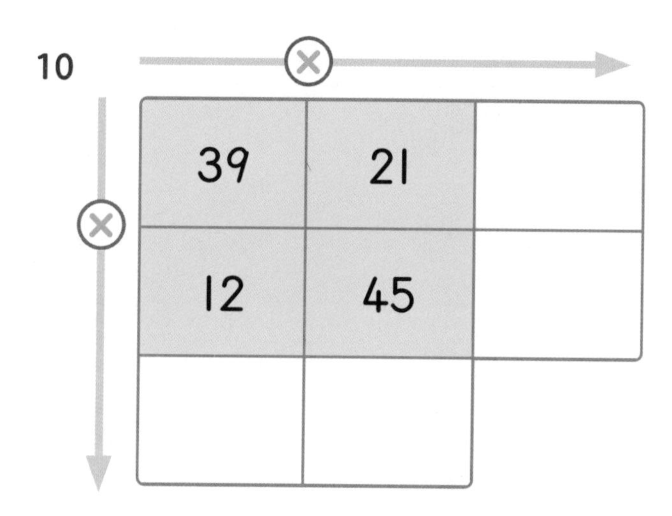

11

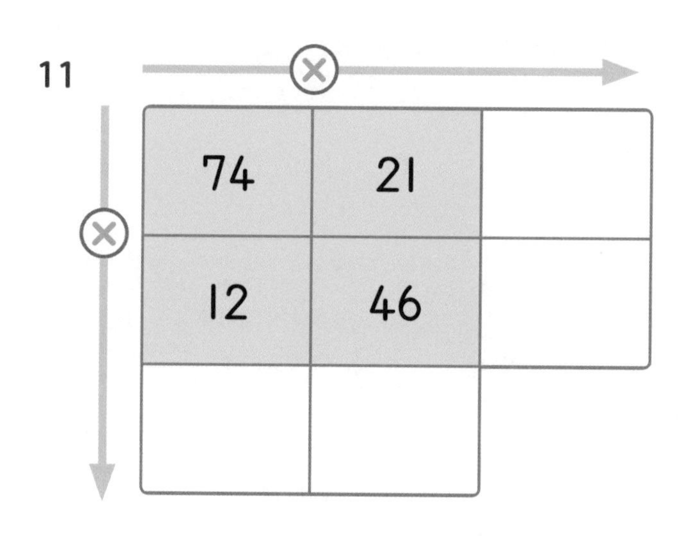

12

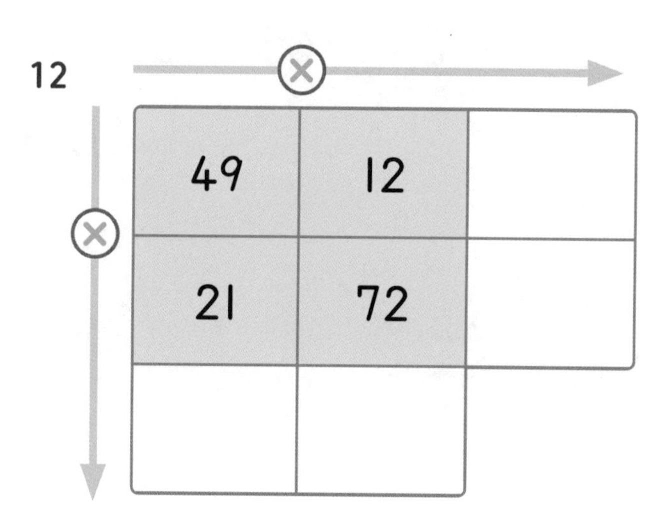

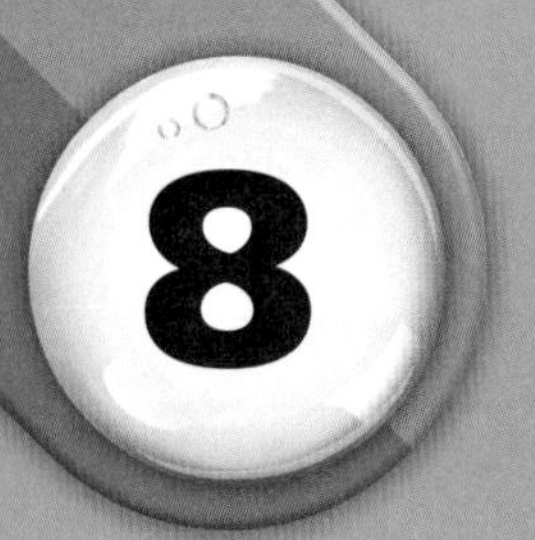

8 (두 자리 수)×(두 자리 수) (3)

올림이 여러 번 있는 두 자리 수끼리의 곱은 일의 자리에서부터 순서대로
자리를 잘 맞추어 계산해요.

1 올림이 여러 번 있는 (몇십몇)×(몇십몇)

37×45를 계산해 보아요.

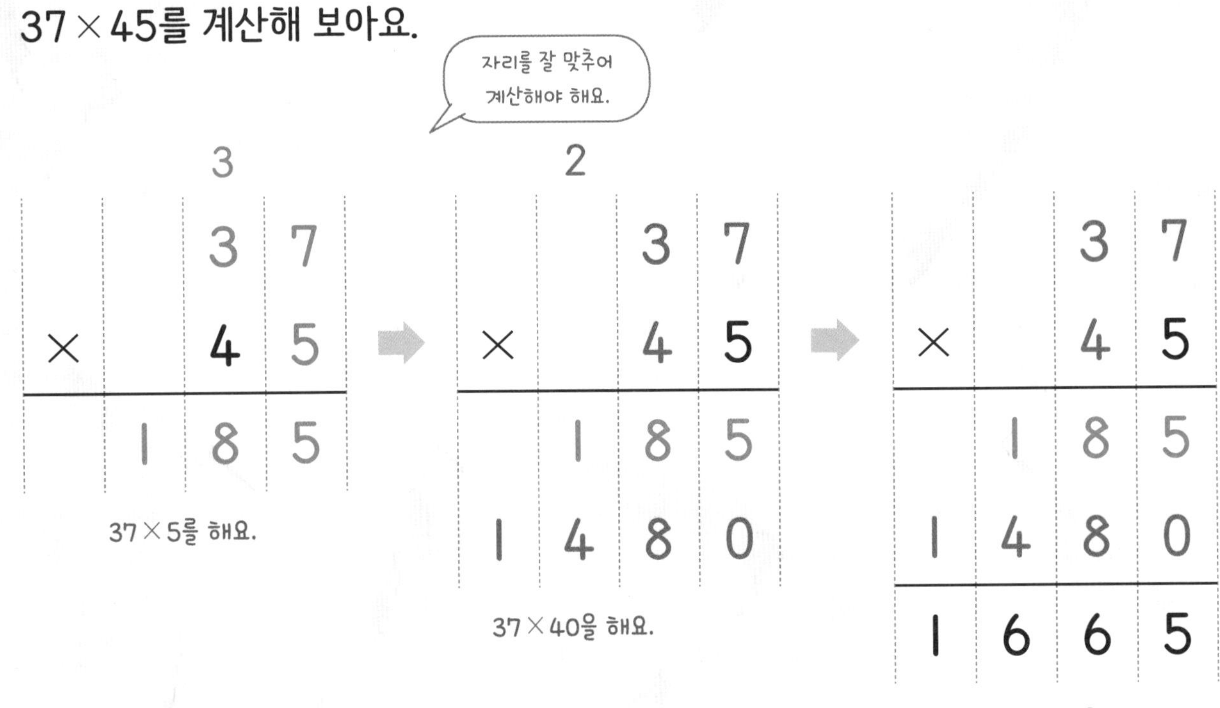

자리를 잘 맞추어
계산해야 해요.

$$
\begin{array}{r}
3 \\
3\ 7 \\
\times\quad 4\ 5 \\
\hline
1\ 8\ 5
\end{array}
$$

37×5를 해요.

$$
\begin{array}{r}
2 \\
3\ 7 \\
\times\quad 4\ 5 \\
\hline
1\ 8\ 5 \\
1\ 4\ 8\ 0
\end{array}
$$

37×40을 해요.

$$
\begin{array}{r}
3\ 7 \\
\times\quad 4\ 5 \\
\hline
1\ 8\ 5 \\
1\ 4\ 8\ 0 \\
\hline
1\ 6\ 6\ 5
\end{array}
$$

185+1480을 해요.

위의 세로셈과 마찬가지로,
37을 40과 5에 각각 곱하여
그 곱끼리 더하면 돼요.

$$
\begin{aligned}
37 \times 45 &= 37 \times 40 + 37 \times 5 \\
\underset{40+5}{\uparrow}\ \ &= 1480 + 185 \\
&= 1665
\end{aligned}
$$

올림이 여러 번 있는 (몇십몇)×(몇십몇)을 순서에 따라 계산해 보세요.

01 (몇십몇)×(몇십몇)

$$\begin{array}{r} 26 \\ \times\ 51 \\ \hline \square\square \end{array} \rightarrow \begin{array}{r} \square \\ 26 \\ \times\ 51 \\ \hline \square \\ \square \end{array} \rightarrow \begin{array}{r} 26 \\ \times\ 51 \\ \hline \square \\ \square \\ \hline \square \end{array}$$

$$\begin{array}{r} 42 \\ \times\ 74 \\ \hline \square\square\square \end{array} \rightarrow \begin{array}{r} \square \\ 42 \\ \times\ 74 \\ \hline \square \\ \square \end{array} \rightarrow \begin{array}{r} 42 \\ \times\ 74 \\ \hline \square \\ \square \\ \hline \square \end{array}$$

$42 \times 74 = 42 \times 70 + 42 \times \square$

$= \square + \square$

$= \square$

올림이 여러 번 있는 (몇십몇)×(몇십몇)을 가로셈으로 해 보세요.

01

$24\times57=24\times50+24\times\square$

$=\square+\square$

$=\square$

02

$34\times64=34\times60+34\times\square$

$=\square+\square$

$=\square$

03

$59\times33=59\times\square+59\times3$

$=\square+\square$

$=\square$

04

$76\times42=76\times\square+76\times2$

$=\square+\square$

$=\square$

05

$86\times36=\square\times30+86\times6$

$=\square+\square$

$=\square$

06

$45\times34=\square\times30+45\times4$

$=\square+\square$

$=\square$

07

$65\times84=\square\times80+65\times\square$

$=\square+\square$

$=\square$

08

$77\times87=\square\times80+77\times\square$

$=\square+\square$

$=\square$

올림이 여러 번 있는 (몇십몇)×(몇십몇)을 일의 자리 수의 곱부터 순서대로 계산해 보세요.

01

$$\begin{array}{r} 4\ 4 \\ \times\ \ 3\ 8 \\ \hline \end{array}$$

02

$$\begin{array}{r} 2\ 8 \\ \times\ \ 6\ 3 \\ \hline \end{array}$$

03

$$\begin{array}{r} 7\ 6 \\ \times\ \ 2\ 4 \\ \hline \end{array}$$

04

$$\begin{array}{r} 5\ 1 \\ \times\ \ 6\ 4 \\ \hline \end{array}$$

05

$$\begin{array}{r} 8\ 4 \\ \times\ \ 5\ 2 \\ \hline \end{array}$$

06

$$\begin{array}{r} 9\ 2 \\ \times\ \ 4\ 3 \\ \hline \end{array}$$

07

$$\begin{array}{r} 6\ 3 \\ \times\ \ 3\ 4 \\ \hline \end{array}$$

08

$$\begin{array}{r} 4\ 4 \\ \times\ \ 9\ 3 \\ \hline \end{array}$$

09

$$\begin{array}{r} 7\ 3 \\ \times\ \ 8\ 2 \\ \hline \end{array}$$

올림이 여러 번 있는 (몇십몇)×(몇십몇)을 세로셈으로 계산해 보세요.

01 $\begin{array}{r} 54 \\ \times\ 39 \\ \hline \end{array}$

02 $\begin{array}{r} 61 \\ \times\ 65 \\ \hline \end{array}$

03 $\begin{array}{r} 12 \\ \times\ 97 \\ \hline \end{array}$

04 $\begin{array}{r} 41 \\ \times\ 69 \\ \hline \end{array}$

05 $\begin{array}{r} 19 \\ \times\ 55 \\ \hline \end{array}$

06 $\begin{array}{r} 23 \\ \times\ 48 \\ \hline \end{array}$

07 $\begin{array}{r} 63 \\ \times\ 24 \\ \hline \end{array}$

08 $\begin{array}{r} 48 \\ \times\ 49 \\ \hline \end{array}$

09 $\begin{array}{r} 53 \\ \times\ 62 \\ \hline \end{array}$

10 $\begin{array}{r} 89 \\ \times\ 46 \\ \hline \end{array}$

11 $\begin{array}{r} 69 \\ \times\ 74 \\ \hline \end{array}$

12 $\begin{array}{r} 36 \\ \times\ 34 \\ \hline \end{array}$

13 $\begin{array}{r} 23 \\ \times \ 96 \\ \hline \end{array}$

14 $\begin{array}{r} 52 \\ \times \ 77 \\ \hline \end{array}$

15 $\begin{array}{r} 76 \\ \times \ 53 \\ \hline \end{array}$

16 $\begin{array}{r} 47 \\ \times \ 86 \\ \hline \end{array}$

17 $\begin{array}{r} 46 \\ \times \ 53 \\ \hline \end{array}$

18 $\begin{array}{r} 83 \\ \times \ 62 \\ \hline \end{array}$

19 $\begin{array}{r} 58 \\ \times \ 87 \\ \hline \end{array}$

20 $\begin{array}{r} 38 \\ \times \ 99 \\ \hline \end{array}$

21 $\begin{array}{r} 97 \\ \times \ 35 \\ \hline \end{array}$

22 $\begin{array}{r} 59 \\ \times \ 73 \\ \hline \end{array}$

23 $\begin{array}{r} 98 \\ \times \ 57 \\ \hline \end{array}$

24 $\begin{array}{r} 75 \\ \times \ 85 \\ \hline \end{array}$

25 $\begin{array}{r} 38 \\ \times \ 88 \\ \hline \end{array}$

26 $\begin{array}{r} 62 \\ \times \ 76 \\ \hline \end{array}$

27 $\begin{array}{r} 37 \\ \times \ 89 \\ \hline \end{array}$

곱셈을 하며 알맞은 길을 따라 선을 연결해 보세요.

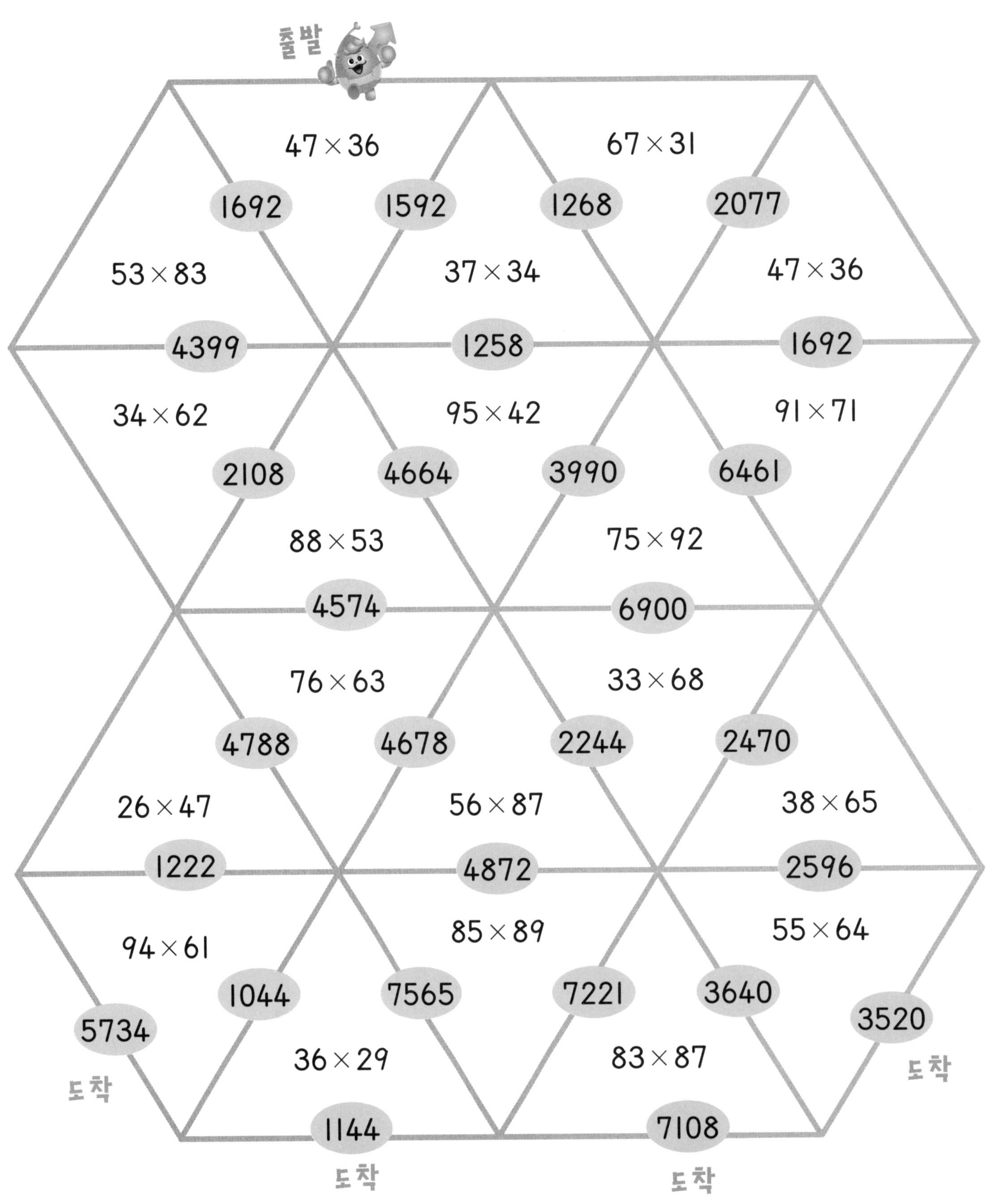

가로 열쇠와 세로 열쇠를 보고 수 퍼즐을 완성해 보세요.

	㉠				㉡			
			②					㉢
①					③	㉣		
				㉥				
	㉤							
	④							

가로 열쇠

① 28×92

② 45×87

③ 74×89

④ 65×77

세로 열쇠

㉠ 35×57

㉡ 88×47

㉢ 54×29

㉣ 61×97

㉤ 28×34

㉥ 94×74

2에서 배운 연산으로 해결해 봐요!

▶ 수 카드를 이용하여 주어진 조건을 만족하는 수를 만들어 보세요.

01

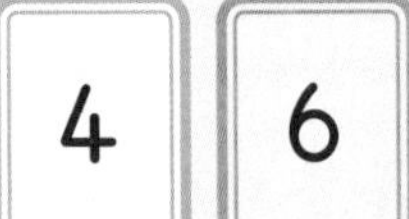

4	6
5	3

$$\begin{array}{r} 6\square \\ \times\ 5\square \\ \hline \square \end{array}$$

가장 큰 값

$$\begin{array}{r} 64 \\ \times\ 53 \\ \hline \end{array} \qquad \begin{array}{r} 63 \\ \times\ 54 \\ \hline \end{array}$$

두 곱을 모두 구해서 비교해 보세요.

02

7	5
8	4

$$\begin{array}{r} 4\square \\ \times\ 5\square \\ \hline \square \end{array}$$

가장 작은 값

$$\begin{array}{r} 47 \\ \times\ 58 \\ \hline \end{array} \qquad \begin{array}{r} 48 \\ \times\ 57 \\ \hline \end{array}$$

두 곱을 모두 구해서 비교해 보세요.

03

6	3
2	8

$$\begin{array}{r} \square\square \\ \times\ \square\square \\ \hline \square \end{array}$$

가장 큰 값

$$\begin{array}{r} \square\square \\ \times\ \square\square \\ \hline \square \end{array}$$

가장 작은 값

▶ □ 안에 알맞은 수를 써넣어 보세요. 같은 색 테두리 네모 칸에는 같은 수가 들어가요.

01

		5	□
×		2	□
	1	5	9
1	□	6	□
1	2	1	9

02

		3	1
×		□	□
	2	7	□
1	8	□	0
2	1	3	□

03

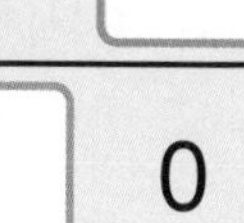

		7	□
×		□	4
	□	8	8
4	3	□	0
4	□	0	8

04

		5	□
×		7	1
		5	□
□	8	□	0
□	9	0	□

05

		9	4
×		□	□
	1	□	□
7	5	□	0
7	7	0	□

06

		□	□
×		7	□
	5	2	□
□	1	6	0
□	□	□	□

▶ 이야기들 속에 주어진 조건을 생각하며 식을 세우고 답을 구해 보세요.

문장제

01 보건소에서 하루에 60명씩 예방 접종을 하고 있습니다. 27일 동안 예방 접종을 한다면 모두 몇 명에게 할 수 있습니까?

식 답 명

02 선물 상자 한 개를 포장하는 데 리본 41cm가 필요하다면, 상자 32개를 포장하는 데 필요한 리본은 몇 cm입니까?

식 답 cm

03 한 대에 38명까지 탈 수 있는 버스가 54대 있다면 최대 몇 명이 버스에 탈 수 있습니까?

식 답 명

04 공연장에 의자가 한 줄에 83개씩 76줄 놓여 있습니다. 공연장에 있는 의자는 모두 몇 개입니까?

식 답 개

2에서 무엇을 배웠을까요?

(몇십)×(몇십)

$2 \times 3 = 6$

$20 \times 30 = 600$

0이 2개

(몇십몇)×(몇십)

$23 \times 3 = 69$

$23 \times 30 = 690$

0이 1개

올림이 한 번 있는 (몇십몇)×(몇십몇)

	2	5	
×	1	2	
	5	0	25×2
2	5	0	25×10
3	0	0	50+250

$25 \times 12 = 25 \times 10 + 25 \times 2$

$= 250 + 50$

$= 300$

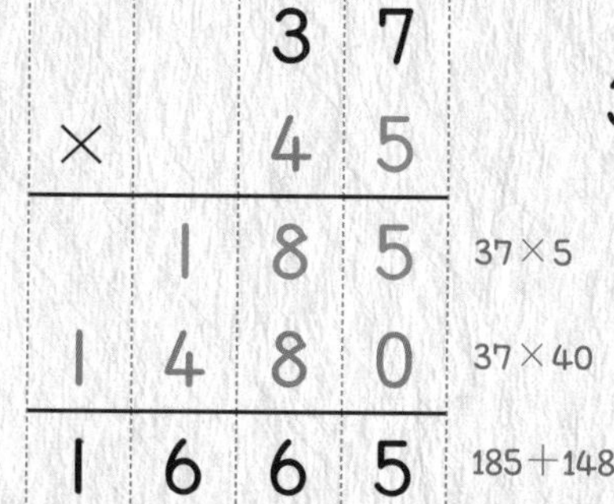

올림이 여러 번 있는 (몇십몇)×(몇십몇)

		3	7	
×		4	5	
	1	8	5	37×5
1	4	8	0	37×40
1	6	6	5	185+1480

$37 \times 45 = 37 \times 40 + 37 \times 5$

$= 1480 + 185$

$= 1665$

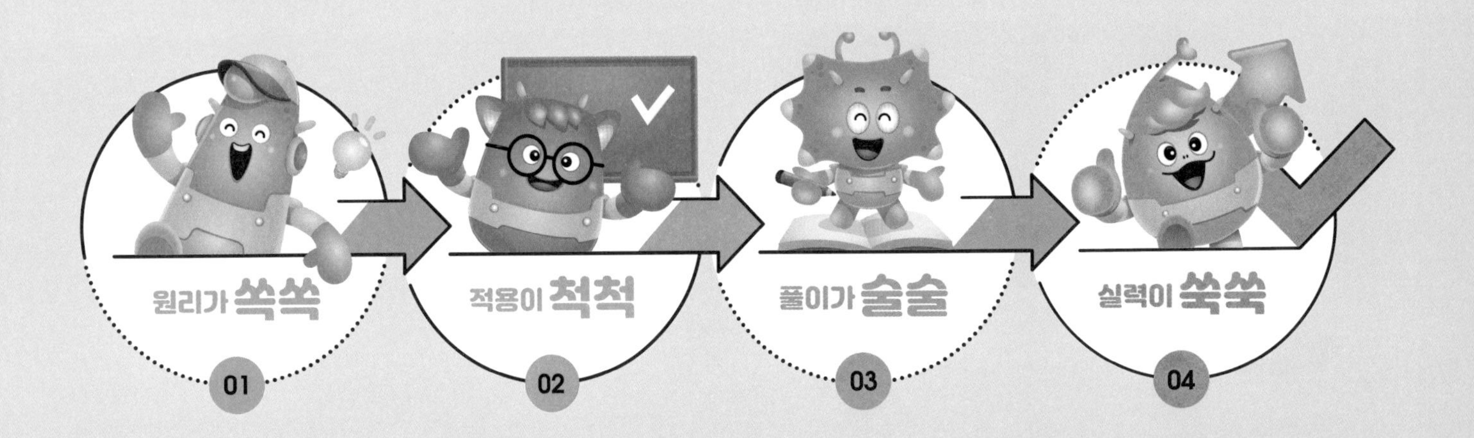
원리가 쑥쑥
01
적용이 척척
02
풀이가 술술
03
실력이 쑥쑥
04

3

나눗셈

9 나눗셈

나눗셈의 뜻을 알아보고, 곱셈과 나눗셈의 관계를 통하여 나눗셈식을 세우고 계산할 수 있어요.

1 나눗셈

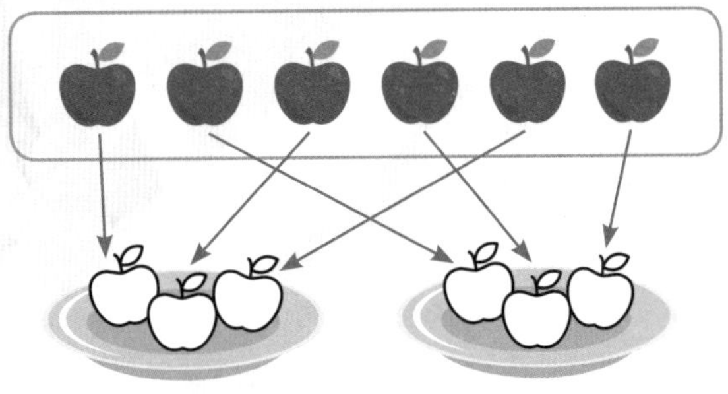

사과 6개를 2개의 접시에 똑같이 나누어 담으면 접시 1개에 3개씩 담을 수 있어요.

6 나누기 2는 3과 같이 나눗셈식으로 나타낼 수 있고, 이때 3을 6 ÷ 2의 몫이라고 해요.

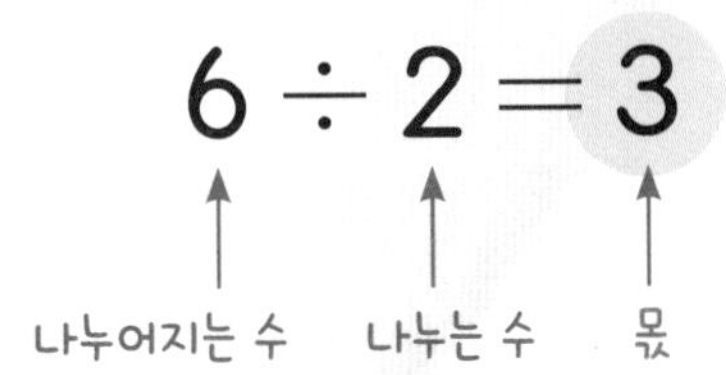

$$6 \div 2 = 3$$

6: 나누어지는 수, 2: 나누는 수, 3: 몫

사과 6개를 2개씩 3번 덜어내요.

즉, 사과 6개를 2개씩 묶으면 3묶음이에요.

$$6 - 2 - 2 - 2 = 0$$

$$6 \div 2 = 3$$

1. 2개씩 3번 덜어낸 의미예요.
2. 2개씩 묶으면 3묶음의 의미예요.

2 곱셈과 나눗셈의 관계

1개의 곱셈식을 2개의 나눗셈식으로 나타낼 수 있어요.

$$4 \times 3 = 12 \quad \begin{cases} 12 \div 4 = 3 \\ 12 \div 3 = 4 \end{cases}$$

곱셈식에서 곱하는 수, 곱해지는 수 두 가지 모두 나눗셈의 몫이 될 수 있어요.

1개의 나눗셈식을 2개의 곱셈식으로 나타낼 수 있어요.

$$10 \div 2 = 5 \quad \begin{cases} 2 \times 5 = 10 \\ 5 \times 2 = 10 \end{cases}$$

나눗셈식의 나누어지는 수가 곱셈식의 곱이 되어야 해요.

그림과 뺄셈식을 보고 나눗셈식으로 나타내어 보세요.

01 그림을 보고 나눗셈식으로 나타내기

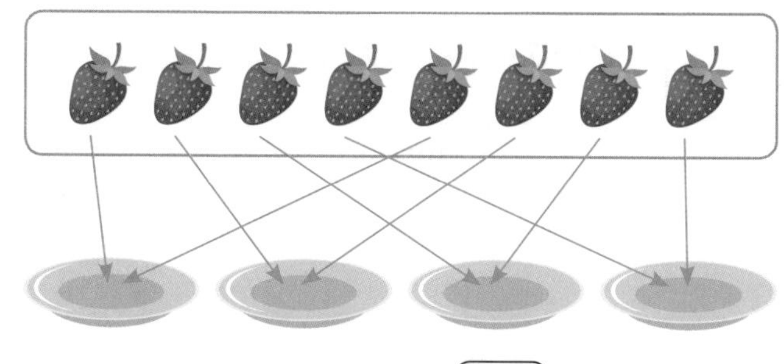

$8 \div 4 = \square$

$15 \div 3 = \square$

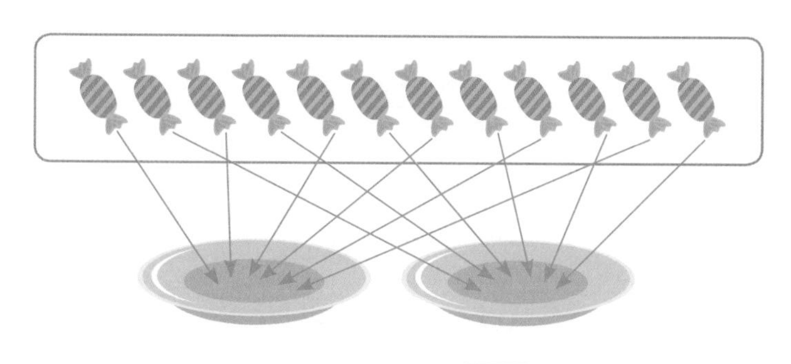

$12 \div 2 = \square$

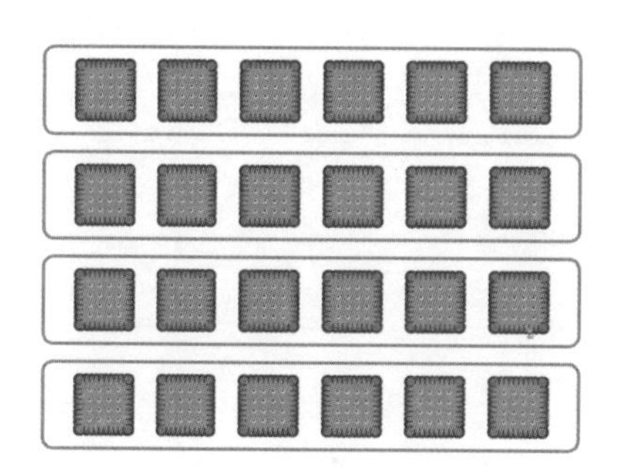

$24 \div 6 = \square$

02 뺄셈식을 보고 나눗셈식으로 나타내기

$20-5-5-5-5=0$

➡ $20 \div 5 = \square$

$16-8-8=0$

➡ $16 \div 8 = \square$

$21-7-7-7=0$

➡ $\square \div \square = \square$

$30-6-6-6-6-6=0$

➡ $\square \div \square = \square$

곱셈식을 나눗셈식 2개로 나타내어 보세요.

01 $4 \times 2 = 8$

$8 \div 2 = \square$

$8 \div 4 = \square$

02 $5 \times 3 = 15$

$15 \div \square = \square$

$15 \div \square = \square$

03 $4 \times 5 = 20$

$\square \div \square = \square$

$\square \div \square = \square$

04 $6 \times 3 = 18$

$\square \div \square = \square$

$\square \div \square = \square$

05 $9 \times 3 = 27$

$\square \div \square = \square$

$\square \div \square = \square$

06 $7 \times 8 = 56$

$\square \div \square = \square$

$\square \div \square = \square$

07 $9 \times 6 = 54$

$\square \div \square = \square$

$\square \div \square = \square$

08 $8 \times 9 = 72$

$\square \div \square = \square$

$\square \div \square = \square$

나눗셈식을 곱셈식 2개로 나타내어 보세요.

01 $12 \div 4 = 3$

$4 \times 3 = \square$

$3 \times 4 = \square$

02 $20 \div 5 = 4$

$5 \times \square = \square$

$4 \times \square = \square$

03 $24 \div 3 = 8$

$\square \times \square = \square$

$\square \times \square = \square$

04 $40 \div 8 = 5$

$\square \times \square = \square$

$\square \times \square = \square$

05 $28 \div 7 = 4$

$\square \times \square = \square$

$\square \times \square = \square$

06 $63 \div 7 = 9$

$\square \times \square = \square$

$\square \times \square = \square$

07 $48 \div 6 = 8$

$\square \times \square = \square$

$\square \times \square = \square$

08 $72 \div 9 = 8$

$\square \times \square = \square$

$\square \times \square = \square$

곱셈구구를 이용하여 나눗셈의 몫을 구해 보세요.

01 $3\times2=6$ ➡ $6\div2=\square$

02 $2\times5=10$ ➡ $10\div5=\square$

03 $3\times4=12$ ➡ $12\div4=\square$

04 $4\times5=20$ ➡ $20\div5=\square$

05 $8\times2=16$ ➡ $16\div2=\square$

06 $6\times5=30$ ➡ $30\div5=\square$

07 $7\times6=42$ ➡ $42\div6=\square$

08 $9\times7=63$ ➡ $63\div7=\square$

09 $6\times3=18$ ➡ $18\div6=\square$

10 $2\times6=12$ ➡ $12\div2=\square$

11 $3\times7=21$ ➡ $21\div3=\square$

12 $9\times4=36$ ➡ $36\div9=\square$

13 $5\times8=40$ ➡ $40\div5=\square$

14 $8\times7=56$ ➡ $56\div8=\square$

15 $6\times9=54$ ➡ $54\div6=\square$

16 $9\times8=72$ ➡ $72\div9=\square$

곱셈식의 빈칸을 채우고, 곱셈식을 이용하여 나눗셈의 몫을 구해 보세요.

01 $\square \times 7 = 14$ ➡ $14 \div 7 = \square$

02 $\square \times 5 = 15$ ➡ $15 \div 5 = \square$

03 $\square \times 2 = 8$ ➡ $8 \div 2 = \square$

04 $\square \times 4 = 24$ ➡ $24 \div 4 = \square$

05 $\square \times 9 = 45$ ➡ $45 \div 9 = \square$

06 $\square \times 2 = 16$ ➡ $16 \div 2 = \square$

07 $\square \times 3 = 27$ ➡ $27 \div 3 = \square$

08 $\square \times 5 = 35$ ➡ $35 \div 5 = \square$

09 $\square \times 9 = 54$ ➡ $54 \div 9 = \square$

10 $3 \times \square = 12$ ➡ $12 \div 3 = \square$

11 $6 \times \square = 18$ ➡ $18 \div 6 = \square$

12 $8 \times \square = 48$ ➡ $48 \div 8 = \square$

13 $4 \times \square = 32$ ➡ $32 \div 4 = \square$

14 $8 \times \square = 40$ ➡ $40 \div 8 = \square$

15 $5 \times \square = 35$ ➡ $35 \div 5 = \square$

16 $9 \times \square = 36$ ➡ $36 \div 9 = \square$

17 $7 \times \square = 63$ ➡ $63 \div 7 = \square$

18 $9 \times \square = 72$ ➡ $72 \div 9 = \square$

곱셈과 나눗셈을 하여 빈칸에 알맞은 수를 써넣으세요.

01

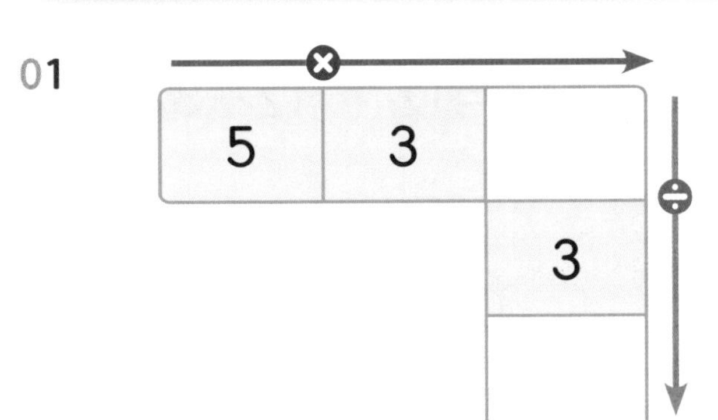

02

× →		
2	7	
		2 ÷ ↓

03

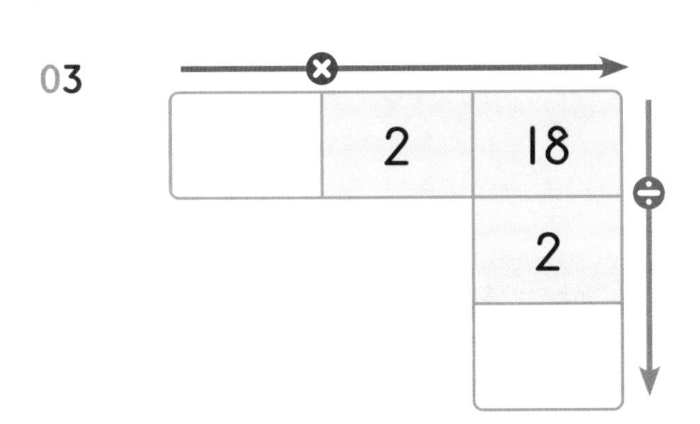

04

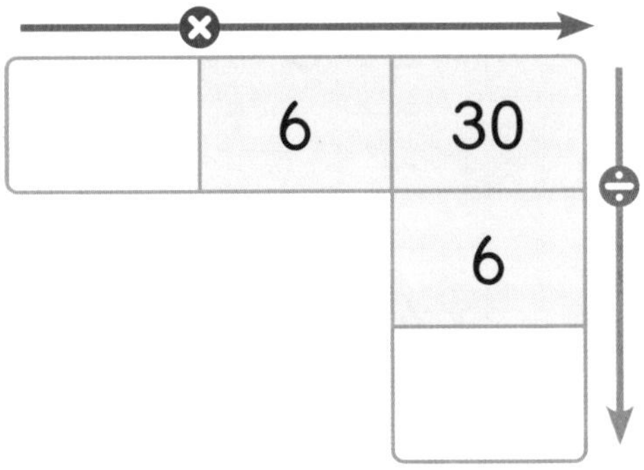

× →		
	6	30
		6 ÷ ↓

05

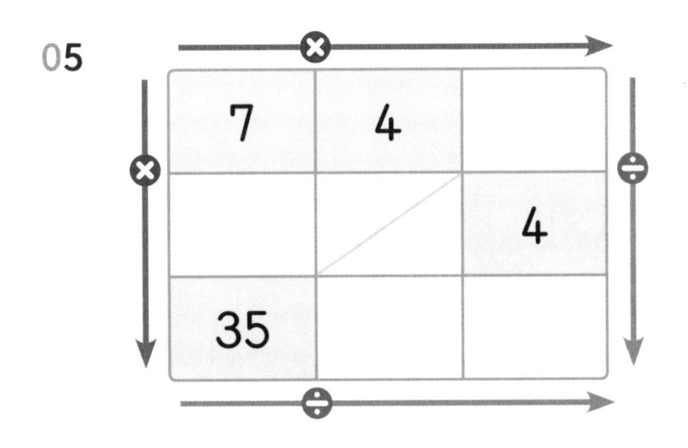

06

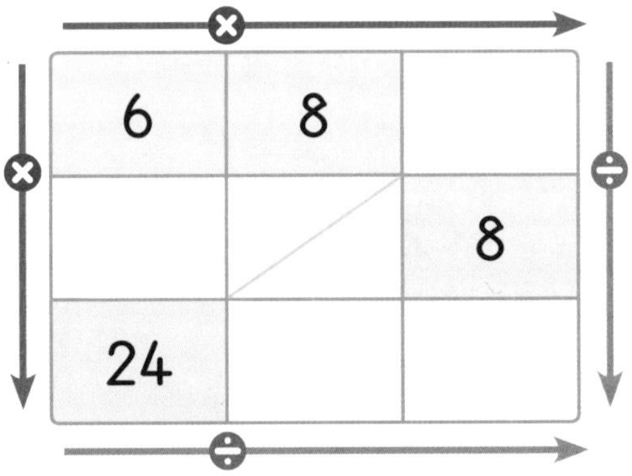

6	8	
		8
24		

(가로 첫째 줄: ×, 오른쪽 세로: ÷, 왼쪽 세로: ×, 아래 가로: ÷)

07

	7	56
		7
72		

(가로 첫째 줄: ×, 오른쪽 세로: ÷, 왼쪽 세로: ×, 아래 가로: ÷)

08

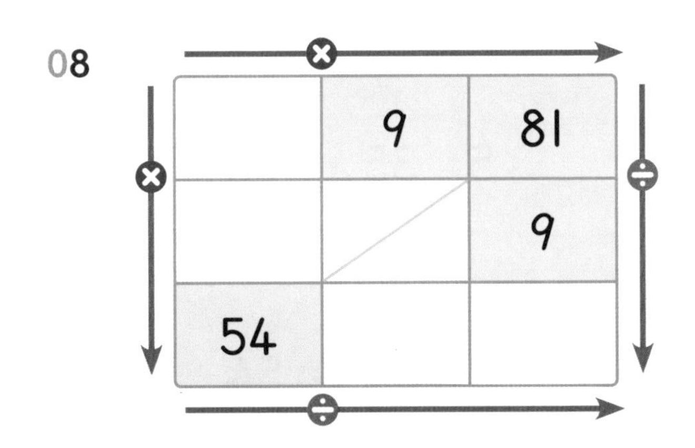

몫의 크기를 비교하여 ◯ 안에 >, =, <를 알맞게 써넣어 보세요.

01 $9 \div 3$ ◯ $12 \div 6$

02 $10 \div 2$ ◯ $12 \div 4$

03 $36 \div 6$ ◯ $42 \div 7$

04 $21 \div 7$ ◯ $45 \div 9$

05 $24 \div 4$ ◯ $18 \div 3$

06 $32 \div 4$ ◯ $27 \div 3$

07 $48 \div 8$ ◯ $42 \div 6$

08 $63 \div 7$ ◯ $54 \div 6$

09 $40 \div 5$ ◯ $48 \div 8$

10 $30 \div 5$ ◯ $28 \div 7$

11 $56 \div 7$ ◯ $72 \div 9$

12 $64 \div 8$ ◯ $81 \div 9$

(두 자리 수)÷(한 자리 수) (1)

나눗셈의 원리를 이용하여 (몇십)÷(몇)을 알아보아요.

1 내림이 없는 (몇십)÷(몇)

40÷2를 계산해 보아요.

$4 \div 2 = 2$

10배 ↓ ↓ 10배

$40 \div 2 = 20$

나누어지는 수가 10배가 되면, 몫도 10배가 돼요.

$$\begin{array}{r} 20 \\ 2\overline{)40} \\ \underline{40} \\ 0 \end{array}$$

20 ← 몫

40 ← 나누어지는 수

2 ← 나누는 수

40 ← 2×20

2 내림이 있는 (몇십)÷(몇)

60÷5를 계산해 보아요.

$$\begin{array}{r} 1 \\ 5\overline{)60} \\ \underline{50} \\ 10 \end{array}$$

50 ← 5×10

10: 6－5, 0은 그대로 내려 써요.

➡

$$\begin{array}{r} 12 \\ 5\overline{)60} \\ \underline{5} \\ 10 \\ \underline{10} \\ 0 \end{array}$$

10 ← 5×2

(몇십)÷(몇)을 계산하는 원리에 맞추어 빈칸을 채워 보세요.

01 내림이 없는 (몇십)÷(몇)

$5 \div 5 = 1$ → 10배 → $50 \div 5 = \square$ (□배)

$6 \div 2 = \square$ → 10배 → $60 \div 2 = \square$ (□배)

$4 \div 4 = \square$ → □배 → $40 \div 4 = \square$ (□배)

$8 \div 2 = \square$ → □배 → $80 \div 2 = \square$ (□배)

02 내림이 있는 (몇십)÷(몇)

$$
\begin{array}{r}
1\ \square \\
2\overline{)\,3\ 0} \\
2\ 0 \\
\hline
1\ 0 \\
1\ 0 \\
\hline
0
\end{array}
$$

$2 \times \square$ → 20, $\square - \square$ → 1

$$
\begin{array}{r}
\square\ \square \\
4\overline{)\,6\ 0} \\
4\ \ \\
\hline
2\ 0 \\
\square\ \square \\
\hline
\square
\end{array}
$$

10배를 이용하여 나눗셈을 해 보세요.

01 $2 \div 2 = \square$ (10배) $20 \div 2 = \square$ (10배)

02 $4 \div 2 = \square$ (10배) $40 \div 2 = \square$ (10배)

03 $3 \div 3 = \square$
$30 \div 3 = \square$

04 $5 \div 5 = \square$
$50 \div 5 = \square$

05 $6 \div 2 = \square$
$60 \div 2 = \square$

06 $4 \div 4 = \square$
$40 \div 4 = \square$

07 $8 \div 4 = \square$
$80 \div 4 = \square$

08 $9 \div 3 = \square$
$90 \div 3 = \square$

09 $7 \div 7 = \square$
$70 \div 7 = \square$

10 $8 \div 2 = \square$
$80 \div 2 = \square$

(몇십)÷(몇)을 하여 빈칸을 채워 보세요.

01

□
2) 1 0
□ □
□

02

□
4) 2 0
□ □
□

03

□
5) 3 0
□ □
□

04

1 □
2) 3 0
2
1 0
□ □
□

05

1 □
4) 6 0
4
2 0
□ □
□

06

2 □
2) 5 0
4
1 0
□ □
□

07

3 □
2) 7 0
6
1 0
□ □
□

08

1 □
5) 6 0
5
1 0
□ □
□

09

1 □
5) 7 0
5
2 0
□ □
□

(몇십)÷(몇)을 세로셈으로 해 보세요.

01 $30 \div 3 =$

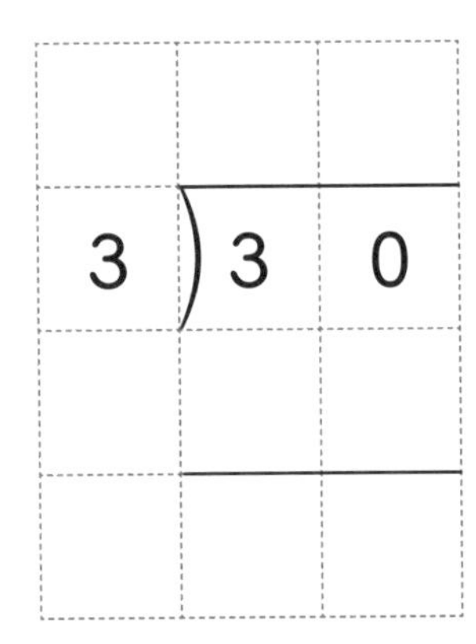

02 $50 \div 5 =$

03 $40 \div 4 =$

04 $60 \div 2 =$

05 $80 \div 4 =$

06 $40 \div 8 =$

07 $30 \div 2 =$

08 $60 \div 5 =$

09 $70 \div 2 =$

10 $60 \div 4 =$

11 $80 \div 5 =$

12 $90 \div 2 =$

13 $90 \div 3 =$

14 $60 \div 3 =$

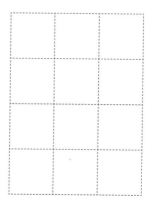

15 $80 \div 2 =$

16 $90 \div 5 =$

17 $70 \div 5 =$

18 $90 \div 6 =$

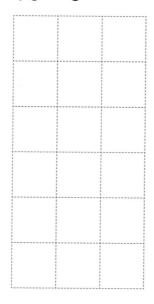

나눗셈을 하여 빈칸에 수를 써넣으세요.

01 $\div 2$

40	
60	

02 $\div 5$

20	
40	

03 $\div 2$

30	
	30
90	

04 $\div 5$

60	
	10
80	

05 $\div \square$

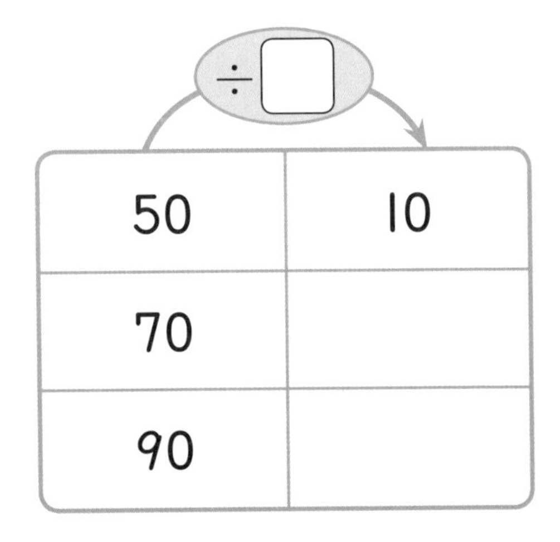

50	10
70	
90	

06 $\div 4$

40	
	20
60	

몫이 같은 나눗셈을 ◯로 묶어 보세요.

01

$20 \div 2$

$40 \div 2$

$50 \div 5$

02

$20 \div 4$

$90 \div 6$

$40 \div 8$

03

$70 \div 2$

$80 \div 4$

$60 \div 3$

04

$50 \div 2$

$30 \div 2$

$60 \div 4$

05

$90 \div 3$

$60 \div 2$

$80 \div 5$

06

$80 \div 8$

$90 \div 9$

$70 \div 5$

11 (두 자리 수)÷(한 자리 수) (2)

나머지가 없는 (몇십몇)÷(몇)에 대하여 알아보아요.

1 내림이 없고 나머지가 없는 (몇십몇)÷(몇)

48÷2를 계산해 보아요.

```
     2
  2 ) 4 8
      4 0   ← 2×20
```

➡

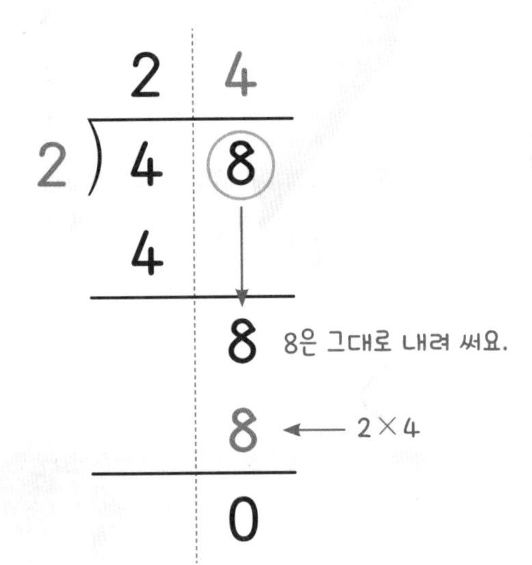

2 내림이 있고 나머지가 없는 (몇십몇)÷(몇)

57÷3을 계산해 보아요.

```
     1
  3 ) 5 7
      3 0   ← 3×10
```

➡

```
         1 9
      3 ) 5 7
          3 ↓
5−3 →    2 7   7은 그대로 내려 써요.
         2 7   ← 3×9
           0
```

나머지가 없는 (몇십몇)÷(몇)을 계산하는 원리에 맞추어 빈칸을 채워 보세요.

01 내림이 없고 나머지가 없는 (몇십몇)÷(몇)

```
      1 □
   ┌─────
 3 ) 3 6
     3 0 ← 3 × □
   ─────
       6
       6 ← 3 × □
   ─────
       0
```

```
      □ □
   ┌─────
 2 ) 4 6
     4
   ─────
       6
       □
   ─────
       □
```

02 내림이 있고 나머지가 없는 (몇십몇)÷(몇)

```
                  1 □
               ┌─────
             4 ) 6 4
                 4 0 ← 4 × □
               ─────
□ − □ ──────→  (2) 4
                 2 4
               ─────
                   0
```

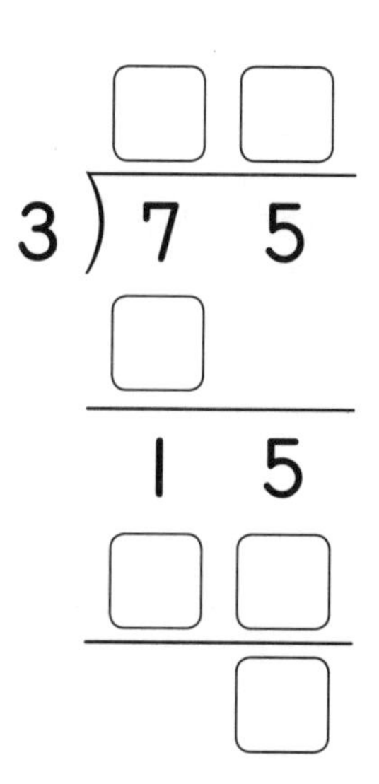

```
      □ □
   ┌─────
 3 ) 7 5
     □
   ─────
     1 5
     □ □
   ─────
       □
```

내림이 없고 나머지가 없는 (몇십몇)÷(몇)을 자리에 맞추어 해 보세요.

01 $62 \div 2 =$

$2\overline{)62}$

02 $39 \div 3 =$

03 $84 \div 4 =$

04 $86 \div 2 =$

05 $93 \div 3 =$

06 $68 \div 2 =$

내림이 있고, 나머지가 없는 (몇십몇)÷(몇)을 자리에 맞추어 해 보세요.

01 $48 \div 3 =$

02 $68 \div 4 =$

03 $76 \div 2 =$

04 $85 \div 5 =$

05 $78 \div 6 =$

06 $96 \div 8 =$

나머지가 없는 (몇십몇) ÷ (몇)을 세로셈으로 해 보세요.

01

$2\overline{)\,6\ 8}$

02

$3\overline{)\,5\ 7}$

03

$7\overline{)\,7\ 7}$

04

$3\overline{)\,4\ 5}$

05

$2\overline{)\,7\ 8}$

06

$3\overline{)\,5\ 1}$

07

$2\overline{)\,7\ 6}$

08

$3\overline{)\,3\ 9}$

09

$4\overline{)\,8\ 4}$

10

$2\overline{)\,5\ 6}$

11

$6\overline{)\,7\ 8}$

12

$2\overline{)\,3\ 4}$

13

$2\overline{)\,9\ 4}$

14

$4\overline{)\,9\ 6}$

15

$6\overline{)\,8\ 4}$

16

$2 \overline{)58}$

17

$4 \overline{)72}$

18

$7 \overline{)91}$

19

$5 \overline{)95}$

20

$3 \overline{)66}$

21

$3 \overline{)84}$

22

$4 \overline{)52}$

23

$2 \overline{)74}$

24

$7 \overline{)98}$

25

$4 \overline{)68}$

26

$5 \overline{)85}$

27

$3 \overline{)69}$

28

$3 \overline{)81}$

29

$5 \overline{)65}$

30

$2 \overline{)54}$

31

$3 \overline{)87}$

32

$4 \overline{)92}$

33

$8 \overline{)96}$

나눗셈을 하여 빈칸에 알맞은 수를 써넣으세요.

01

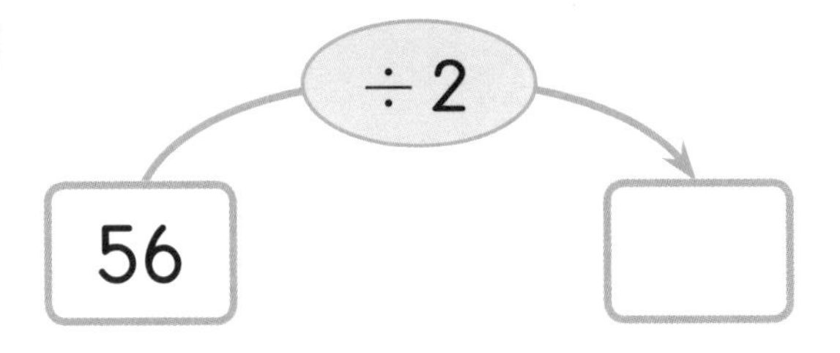

02

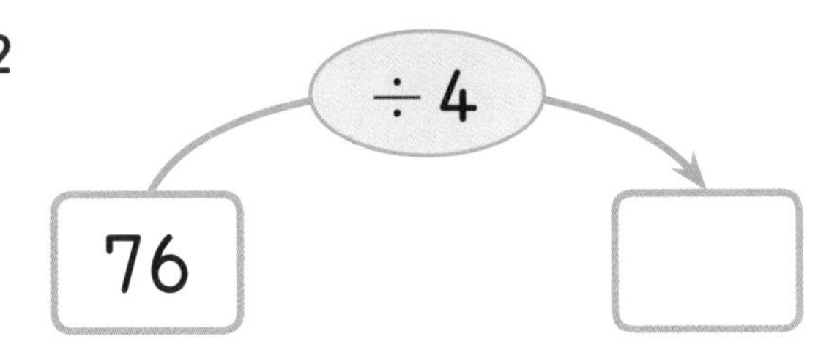

03

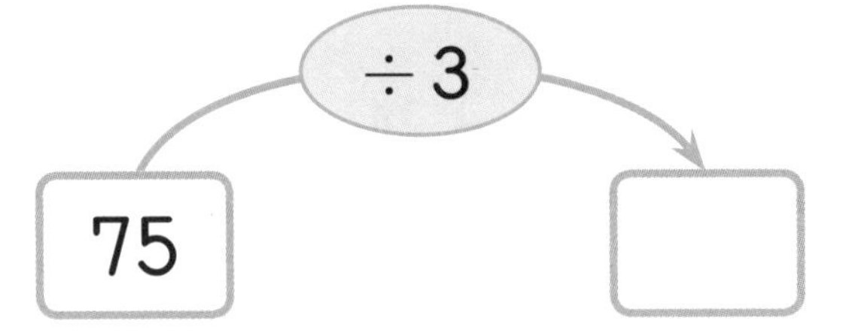

04

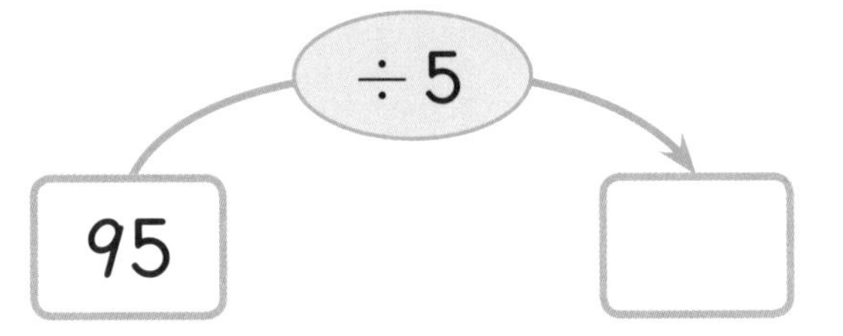

05

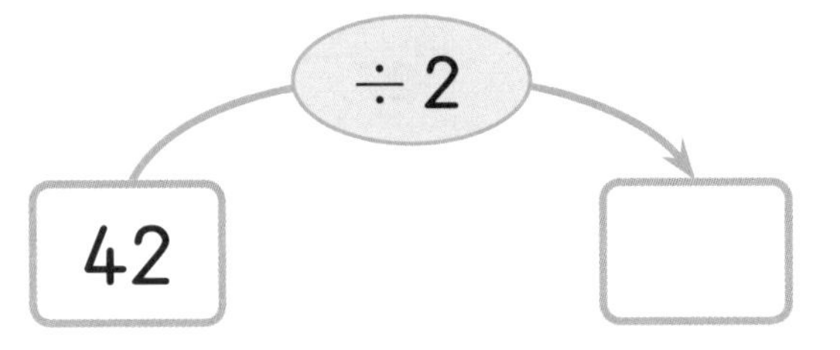

06

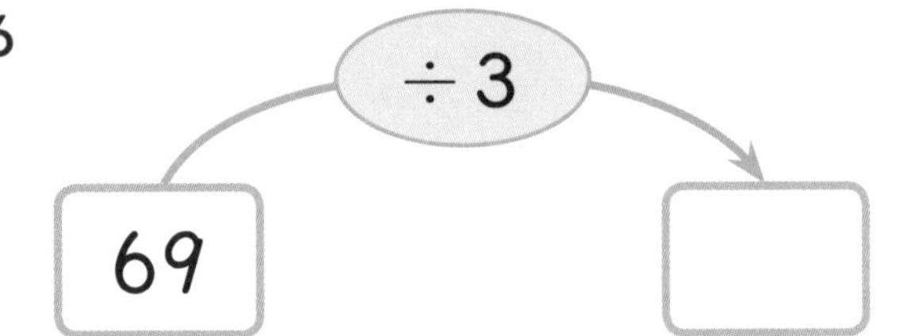

07

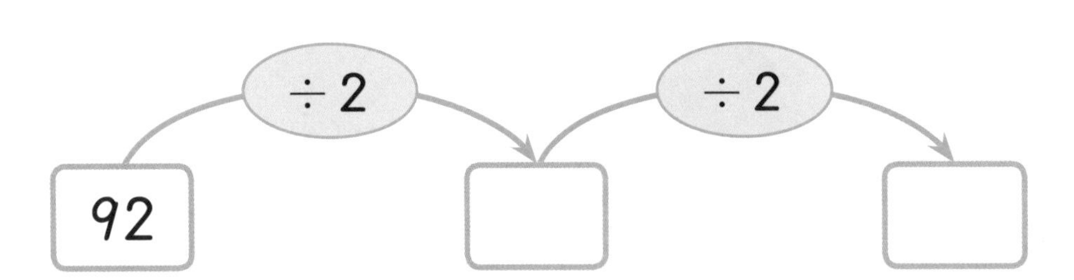

08

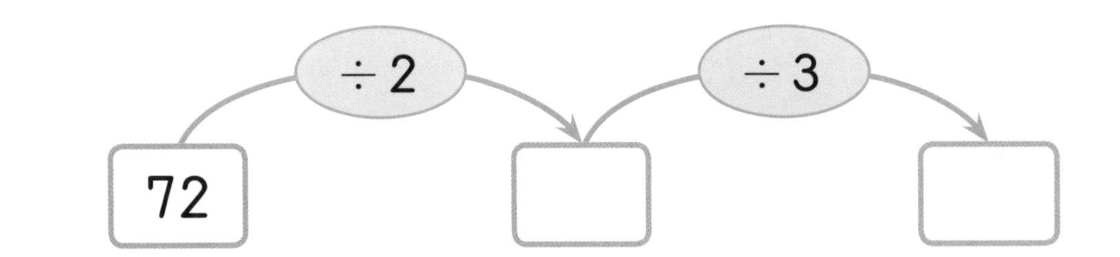

주어진 수 카드 중 두 장을 사용하여 나눗셈식을 만들어 보세요.

01

6	2	1

$\square\square \div 2 = 13$

02

5	6	4

$\square\square \div 3 = 15$

03

6	7	8

$\square\square \div 4 = 17$

04

1	5	3

$\square\square \div 3 = 17$

05

8	4	2

$\square 6 \div \square = 43$

06

3	7	9

$\square 8 \div \square = 26$

07

5	9	6	4

$\square 6 \div \square = 24$

08

8	2	3	7

$\square 4 \div \square = 37$

12 (두 자리 수)÷(한 자리 수) (3)

나머지가 있는 (몇십몇)÷(몇)에 대하여 알아보아요.

1 내림이 없고 나머지가 있는 (몇십몇)÷(몇)

36÷5를 계산해 보아요.

$$\begin{array}{r} 7 \\ 5\overline{)\,36} \\ 35 \\ \hline 1 \end{array}$$

7 ← 몫

1 ← 나머지

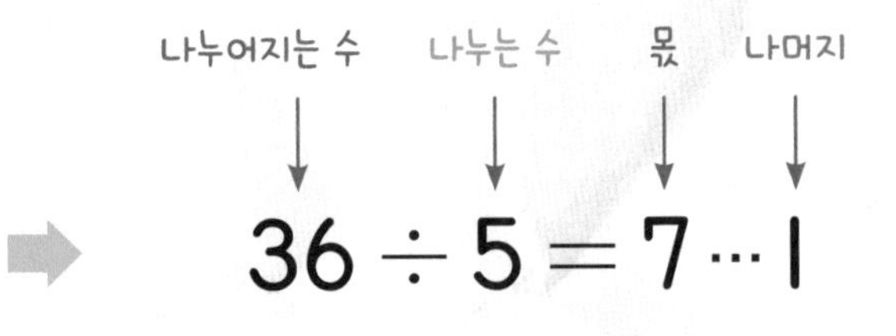

나머지는 항상 나누는 수보다 작아요.

2 내림이 있고 나머지가 있는 (몇십몇)÷(몇)

59÷4를 계산해 보아요.

$$\begin{array}{r} 14 \\ 4\overline{)\,59} \\ 4 \\ \hline 19 \\ 16 \\ \hline 3 \end{array}$$

14 ← 몫

5−4 → 1, 9는 그대로 내려 써요.

16 ← 4×4

3 ← 나머지

나누어지는 수 / 나누는 수 / 몫 / 나머지

$59 \div 4 = 14 \cdots 3$

나머지는 항상 나누는 수보다 작아요.

원리가 쑥쑥 적용이 척척 풀이가 술술 실력이 쑥쑥

나머지가 있는 (몇십몇)÷(몇)을 계산하는 원리에 맞추어 빈칸을 채워 보세요.

01 내림이 없고 나머지가 있는 (몇십몇)÷(몇)

$$\begin{array}{r} \square \\ 6\overline{)\,4\ 7} \\ 4\ 2 \\ \hline \square \end{array} \quad 42 \leftarrow 6 \times \square$$

$$\begin{array}{r} \square \\ 9\overline{)\,7\ 5} \\ \square\ \square \\ \hline \square \end{array}$$

$47 \div 6 = \square \cdots \square$

$75 \div 9 = \square \cdots \square$

02 내림이 있고 나머지가 있는 (몇십몇)÷(몇)

$$\begin{array}{r} 2\ \square \\ 2\overline{)\,5\ 7} \\ 4\ 0 \\ \hline 1\ 7 \\ 1\ 6 \\ \hline \square \end{array} \quad 40 \leftarrow 2 \times \square, \quad \square - \square \rightarrow 1$$

$$\begin{array}{r} \square\ \square \\ 5\overline{)\,6\ 9} \\ \square\ \ \\ \hline 1\ 9 \\ \square\ \square \\ \hline \square \end{array}$$

$57 \div 2 = \square \cdots \square$

$69 \div 5 = \square \cdots \square$

내림이 없고 나머지가 있는 (몇십몇)÷(몇)을 자리에 맞추어 해 보세요.

01 $23 \div 4 =$ …

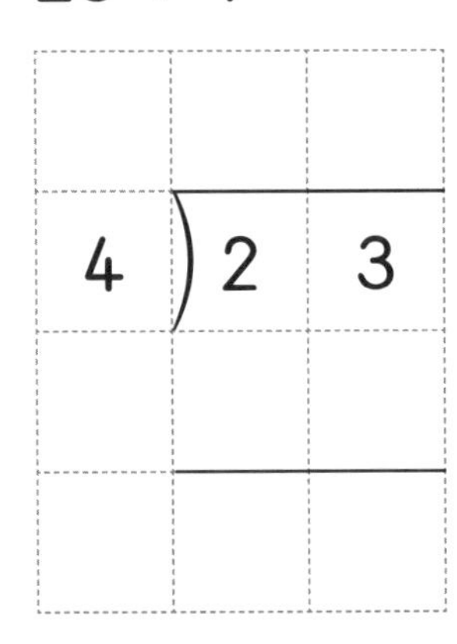

02 $35 \div 8 =$

03 $49 \div 9 =$

04 $53 \div 6 =$

05 $47 \div 7 =$

06 $73 \div 9 =$

07 $34 \div 3 =$

08 $65 \div 3 =$

내림이 있고 나머지가 있는 (몇십몇)÷(몇)을 자리에 맞추어 해 보세요.

01 $49 \div 3 =$

02 $67 \div 5 =$

03 $55 \div 2 =$

04 $82 \div 6 =$

05 $73 \div 4 =$

06 $99 \div 8 =$

나머지가 있는 (몇십몇)÷(몇)을 세로셈으로 해 보세요.

01

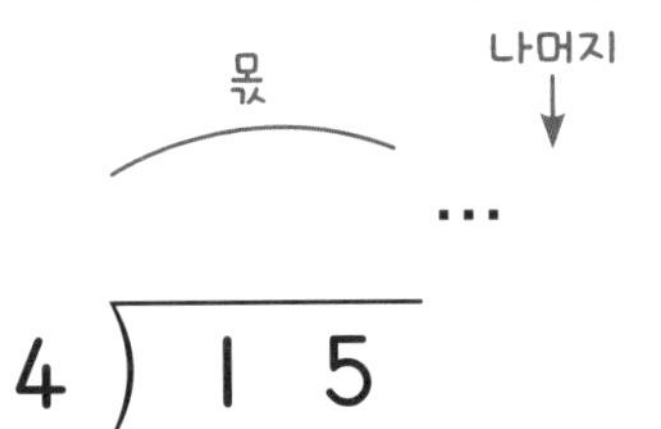

$4\overline{)15}$

02

$9\overline{)31}$

03

$7\overline{)64}$

04

$8\overline{)49}$

05

$5\overline{)58}$

06

$8\overline{)74}$

07

$4\overline{)87}$

08

$9\overline{)68}$

09

$6\overline{)33}$

10

$4\overline{)62}$

11

$2\overline{)51}$

12

$6\overline{)86}$

13

$3\overline{)76}$

14

$8\overline{)93}$

15

$4\overline{)91}$

16

$6\overline{)29}$

17

$4\overline{)66}$

18

$2\overline{)57}$

19

$9\overline{)82}$

20

$7\overline{)79}$

21

$3\overline{)32}$

22

$5\overline{)81}$

23

$6\overline{)98}$

24

$5\overline{)89}$

25

$2\overline{)91}$

26

$2\overline{)53}$

27

$3\overline{)74}$

28

$4\overline{)69}$

29

$6\overline{)83}$

30

$3\overline{)46}$

31

$7\overline{)99}$

32

$7\overline{)97}$

33

$5\overline{)74}$

나머지가 있는 (몇십몇)÷(몇)을 가로셈으로 해 보세요.

몫 나머지

01 $31 \div 5 =$ ⋯

02 $27 \div 4 =$

03 $61 \div 9 =$

04 $35 \div 9 =$

05 $82 \div 4 =$

06 $71 \div 2 =$

07 $69 \div 4 =$

08 $33 \div 2 =$

09 $87 \div 2 =$

10 $53 \div 2 =$

11 $75 \div 4 =$

12 $69 \div 5 =$

13 $59 \div 4 =$

14 $87 \div 8 =$

15 $81 \div 7 =$

16 $61 \div 5 =$

17 $44 \div 3 =$

18 $47 \div 3 =$

19 $56 \div 3 =$

20 $94 \div 3 =$

21 $83 \div 3 =$

22 $76 \div 6 =$

23 $95 \div 7 =$

24 $86 \div 3 =$

25 $27 \div 2 =$

26 $65 \div 3 =$

27 $76 \div 5 =$

28 $57 \div 4 =$

29 $83 \div 5 =$

30 $61 \div 7 =$

31 $42 \div 5 =$

32 $38 \div 6 =$

33 $89 \div 4 =$

34 $17 \div 4 =$

35 $65 \div 4 =$

36 $86 \div 7 =$

37 $53 \div 3 =$

38 $77 \div 3 =$

39 $95 \div 8 =$

40 $71 \div 6 =$

41 $83 \div 8 =$

42 $97 \div 5 =$

43 $34 \div 7 =$

44 $74 \div 3 =$

45 $53 \div 4 =$

46 $67 \div 4 =$

47 $76 \div 6 =$

48 $91 \div 4 =$

49 $94 \div 9 =$

50 $89 \div 3 =$

51 $79 \div 2 =$

52 $85 \div 3 =$

53 $88 \div 6 =$

54 $93 \div 7 =$

주어진 나눗셈의 몫 또는 나머지와 알맞게 선을 연결해 보세요.

01

몫

$23 \div 5$	6
$18 \div 7$	2
$20 \div 3$	4

02

나머지

$97 \div 7$	3
$75 \div 4$	1
$51 \div 2$	6

03

나머지

$88 \div 9$	2
$65 \div 9$	7
$71 \div 6$	5

04

몫

$95 \div 4$	15
$85 \div 8$	23
$46 \div 3$	10

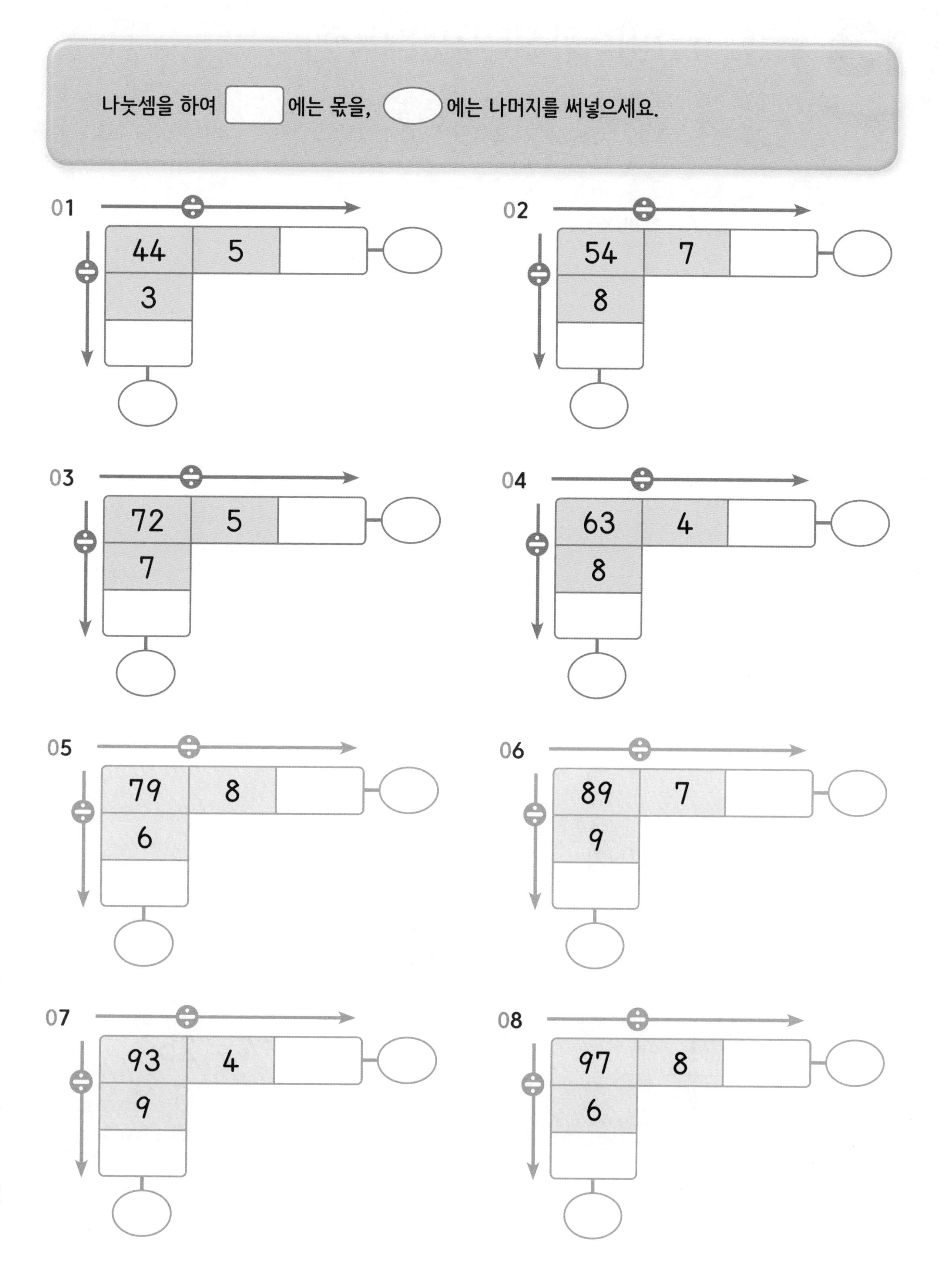
나눗셈을 하여 에는 몫을, 에는 나머지를 써넣으세요.
01
44
5
3
02
54
7
8
03
72
5
7
04
63
4
8
05
79
8
6
06
89
7
9
07
93
4
9
08
97
8
6

13 (세 자리 수)÷(한 자리 수)

세 자리 수를 한 자리 수로 나누는 방법을 알아보아요.
또한, 나눗셈을 하고 맞게 계산했는지 확인하는 방법도 알아보아요.

1 (세 자리 수)÷(한 자리 수)

$$\begin{array}{r} 36 \\ 6\overline{)216} \\ 180 \\ \hline 36 \\ 36 \\ \hline 0 \end{array}$$

- 6×30 → 180
- 21−18 → 3, 6 ← 6은 그대로 내려 써요.
- 6×6 → 36

(세 자리 수)÷(한 자리 수)를 할 때에는 백의 자리부터 순서대로 나누고, 백의 자리부터 나눌 수 없으면 십의 자리에서 나눠요.

$$\begin{array}{r} 75 \\ 5\overline{)377} \\ 350 \\ \hline 27 \\ 25 \\ \hline 2 \end{array}$$

- 75 ← 몫
- 5×70 → 350
- 37−35 → 2, 7 ← 7은 그대로 내려 써요.
- 5×5 → 25
- 2 ← 나머지

$377 \div 5 = 75 \cdots 2$

2 맞게 계산했는지 확인하기

$$\begin{array}{r} 3 \\ 7\overline{)25} \\ 21 \\ \hline 4 \end{array}$$

확인하기 →

$25 \div 7 = 3 \cdots 4$

$7 \times 3 = 21,\ 21 + 4 = 25$

- 7: 나누는 수
- 3: 몫
- 4: 나머지
- 25: 확인하는 식의 결과가 나누어지는 수와 같으면 맞게 계산한 거예요.

원리가 쑥쑥 | 적용이 척척 | 풀이가 술술 | 실력이 쑥쑥

(세 자리 수)÷(한 자리 수)를 계산하는 원리에 맞추어 빈칸을 채우고,
맞게 계산했는지 확인해 보세요.

01 나머지가 없는 (세 자리 수)÷(한 자리 수)

```
      □ □                    □ □
8 ) 3 5 2              9 ) 4 0 5
    3 2 0 ← 8 × □          3 6
    -----                  -----
      □ □                    □ □
      □ □                    □ □
    -----                  -----
        □                      □
```

02 나머지가 있는 (세 자리 수)÷(한 자리 수)

```
      □ □
6 ) 2 9 3
    2 4
    -----
      □ □
      □ □
    -----
        □
```

확인하기

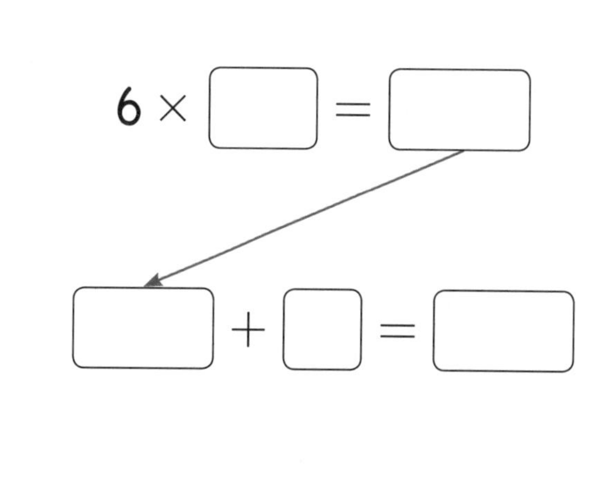

$293 \div 6 =$ □ ⋯ □

나머지가 없는 (세 자리 수)÷(한 자리 수)를 자리에 맞추어 해 보세요.

01 $500 \div 5 =$

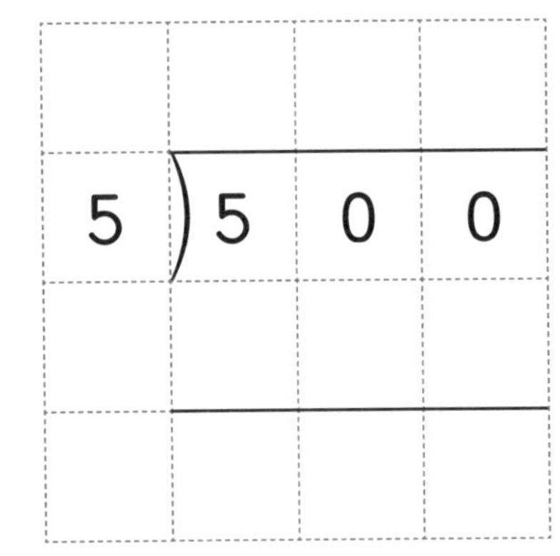

02 $600 \div 2 =$

03 $800 \div 4 =$

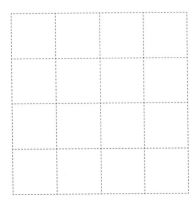

04 $320 \div 2 =$

05 $560 \div 4 =$

06 $444 \div 3 =$

07 $735 \div 5 =$

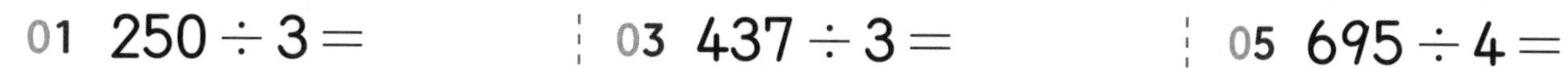
나머지가 있는 (세 자리 수)÷(한 자리 수)를 자리에 맞추어 해 보세요.

01 $250 \div 3 =$

02 $111 \div 2 =$

03 $437 \div 3 =$

04 $573 \div 2 =$

05 $695 \div 4 =$

06 $723 \div 5 =$

(세 자리 수)÷(한 자리 수)를 세로셈으로 해 보세요.

01

$2\overline{)300}$

02

$3\overline{)135}$

03

$4\overline{)208}$

04

$4\overline{)241}$

05

$3\overline{)458}$

06

$7\overline{)523}$

07

$2\overline{)770}$

08

$7\overline{)616}$

09

$4\overline{)825}$

10

$5\overline{)928}$

11

$4\overline{)375}$

12

$9\overline{)684}$

13

$3\overline{)803}$

14

$3\overline{)578}$

15

$8\overline{)736}$

16

$9\overline{)600}$

17

$8\overline{)959}$

18

$3\overline{)402}$

19

$2\overline{)712}$

20

$7\overline{)289}$

21

$3\overline{)839}$

22

$6\overline{)904}$

23

$6\overline{)522}$

24

$7\overline{)649}$

25

$3\overline{)958}$

26

$8\overline{)674}$

27

$2\overline{)702}$

28

$3\overline{)868}$

29

$4\overline{)777}$

30

$5\overline{)961}$

31

$8\overline{)872}$

32

$4\overline{)563}$

33

$6\overline{)714}$

나눗셈을 하고 계산이 맞는지 확인해 보세요.

01

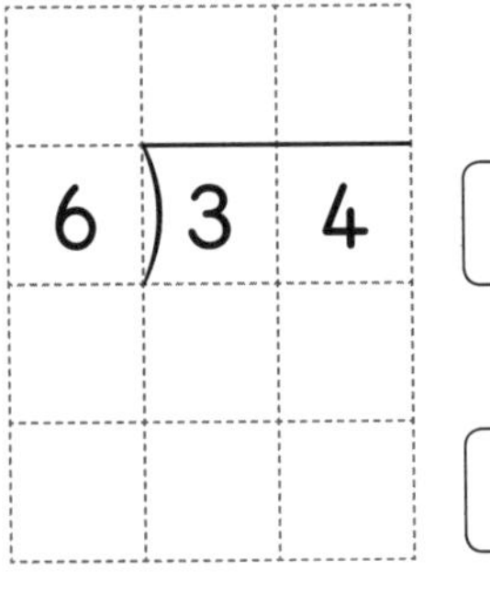

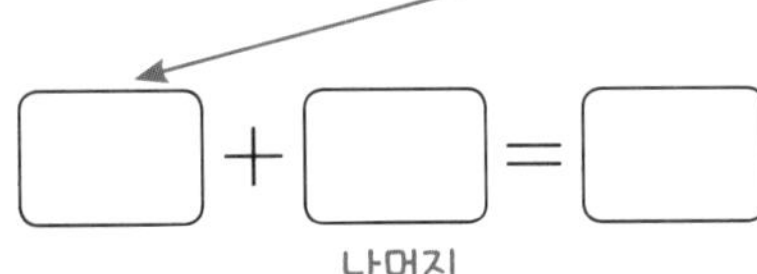

02

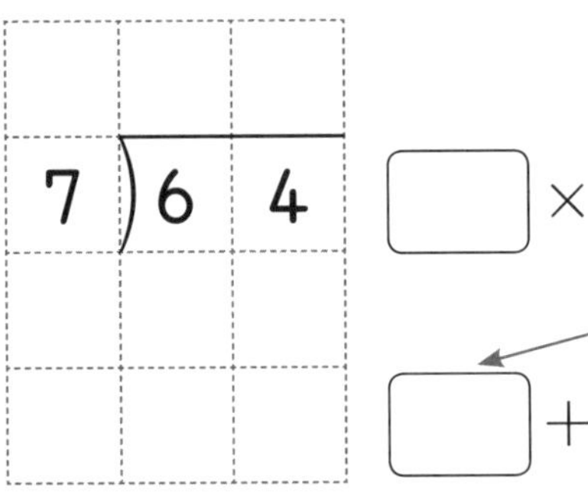

03

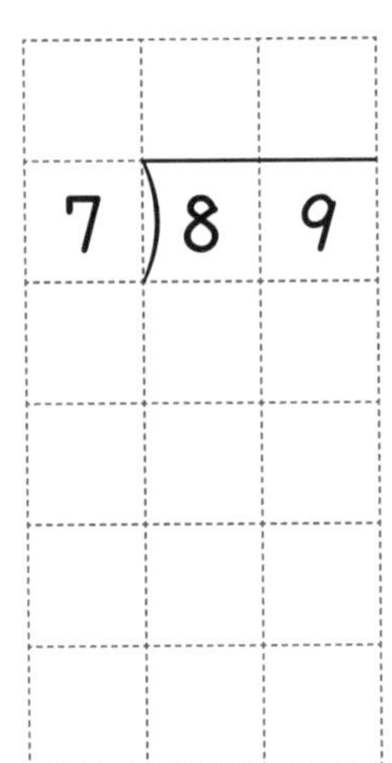

□ × □ = □

□ + □ = □

04

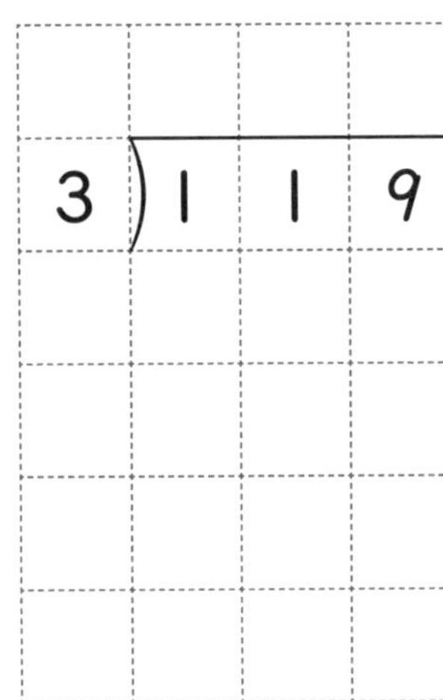

□ × □ = □

□ + □ = □

05

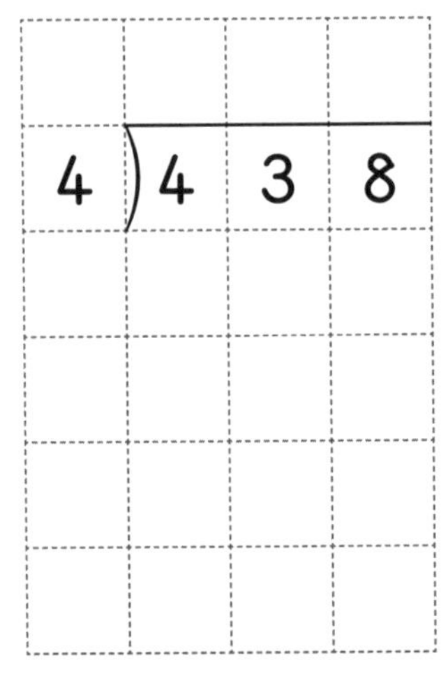

□ × □ = □

□ + □ = □

06

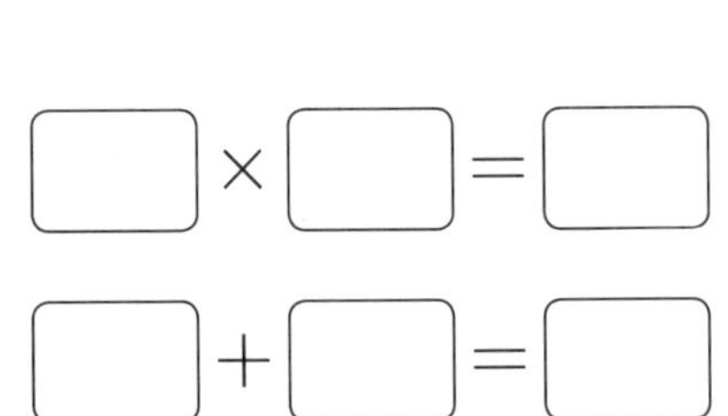

07 $63 \div 8 =$

$\square \times \square = \square$

$\square + \square = \square$

08 $78 \div 5 =$

$\square \times \square = \square$

$\square + \square = \square$

09 $637 \div 9 =$

$\square \times \square = \square$

$\square + \square = \square$

10 $502 \div 3 =$

$\square \times \square = \square$

$\square + \square = \square$

11 $362 \div 3 =$

$\square \times \square = \square$

$\square + \square = \square$

12 $922 \div 4 =$

$\square \times \square = \square$

$\square + \square = \square$

13 $74 \div 3 =$

$\square \times \square = \square$

$\square + \square = \square$

14 $89 \div 5 =$

$\square \times \square = \square$

$\square + \square = \square$

15 $856 \div 6 =$

$\square \times \square = \square$

$\square + \square = \square$

16 $718 \div 3 =$

$\square \times \square = \square$

$\square + \square = \square$

나눗셈식의 나머지가 더 큰 식에 ○ 해 보세요.

01

$256 \div 5$

$124 \div 5$

02

$427 \div 4$

$614 \div 6$

03

$620 \div 6$

$760 \div 4$

04

$329 \div 9$

$576 \div 7$

05

$704 \div 6$

$167 \div 4$

06

$535 \div 7$

$916 \div 7$

07

$847 \div 4$

$461 \div 5$

08

$588 \div 8$

$888 \div 7$

나눗셈의 나머지를 따라 선으로 연결해 보세요.

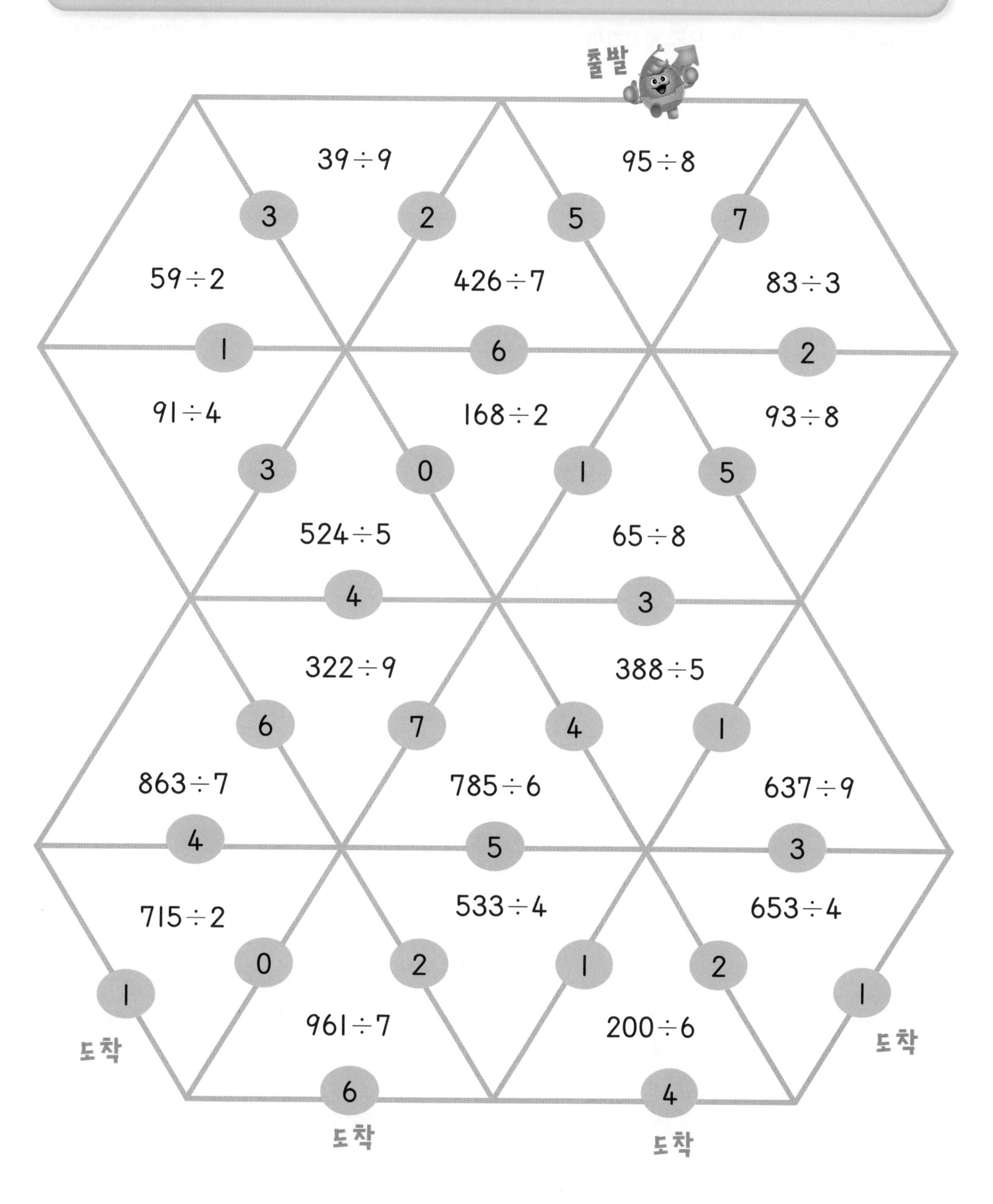

3에서 배운 연산으로 해결해 봐요!

▶ 수 카드를 한 번씩 모두 사용하여 조건을 만족하는 식을 만들어 보세요.

01

몫이 가장 큰 값

02

6 3
8 9

몫이 가장 작은 값

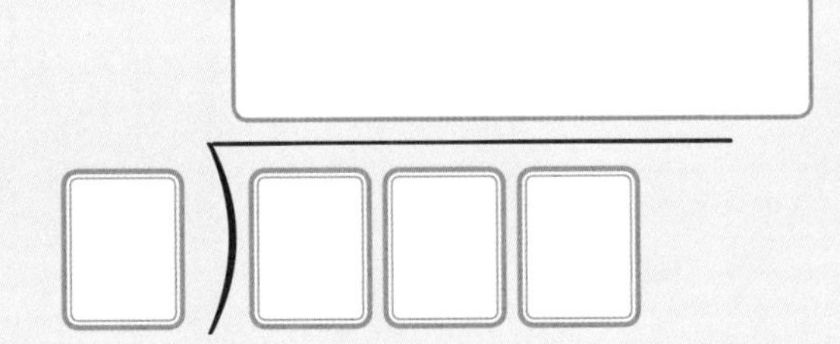

03

7 6

몫이 가장 큰 값

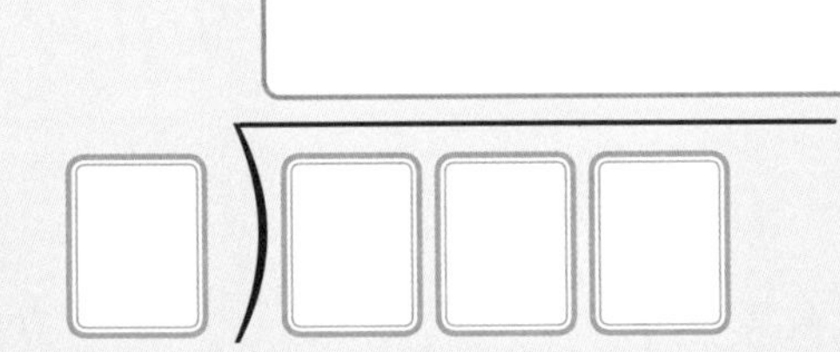

04

9 7

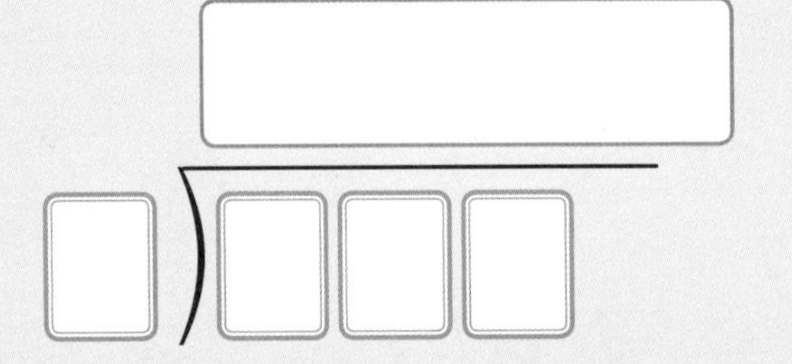

몫이 가장 큰 값

몫이 가장 작은 값

▶ 어떤 수를 □로 나타내어 식을 세워 계산하고 어떤 수를 구해 보세요.

01 어떤 수를 3으로 나누면 몫은 6이고 나머지는 1입니다. 어떤 수는 얼마입니까?

식

확인 식 , 어떤 수

02 어떤 수를 4로 나누면 몫은 94이고 나머지는 2입니다. 어떤 수는 얼마입니까?

식

확인 식 , 어떤 수

03 어떤 수를 7로 나누면 몫은 105이고 나머지는 3입니다. 어떤 수는 얼마입니까?

식

확인 식 , 어떤 수

▶ 이야기들 속에 주어진 조건을 생각하며 식을 세우고 답을 구해 보세요.

문장제

01 구슬 90개를 6명에게 똑같이 나누어 주려고 합니다. 한 사람이 몇 개씩 구슬을 받을 수 있습니까?

식 답 개

02 사과 63개를 5박스에 똑같이 나누어 담았을 때, 박스에 담지 않고 남은 사과는 몇 개입니까?

식 답 개

02 196쪽짜리 문제집을 매일 7쪽씩 풀어서 모두 풀었다면 며칠 동안 문제집을 풀었습니까?

식 답 일

04 나무 856그루를 3개의 공원에 똑같이 나누어 심었습니다. 남은 나무는 학교에 심었다면 학교에 심은 나무는 몇 그루입니까?

식 답 그루

3에서 무엇을 배웠을까요?

잠시 쉬어 가요

나눗셈

곱셈과 나눗셈의 관계

$4 \times 3 = 12$ → $12 \div 4 = 3$, $12 \div 3 = 4$

$10 \div 2 = 5$ → $2 \times 5 = 10$, $5 \times 2 = 10$

나머지가 없는 (몇십)÷(몇)

$4 \div 2 = 2$ (10배) → $40 \div 2 = 20$ (10배)

나누어지는 수가 10배가 되면, 몫도 10배가 돼요.

$$
\begin{array}{r}
12 \\
5\overline{)60} \\
\underline{5\ \ } \\
10 \\
\underline{10} \\
0
\end{array}
$$

나머지가 없는 (몇십몇)÷(몇)

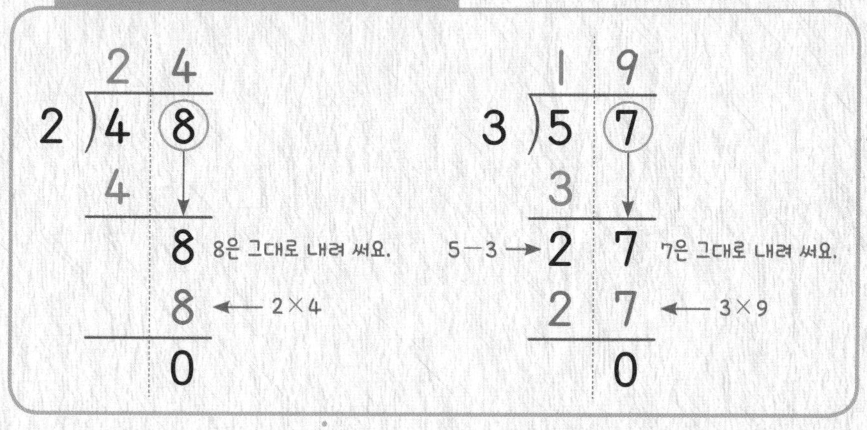

나머지가 있는 (몇십몇)÷(몇)

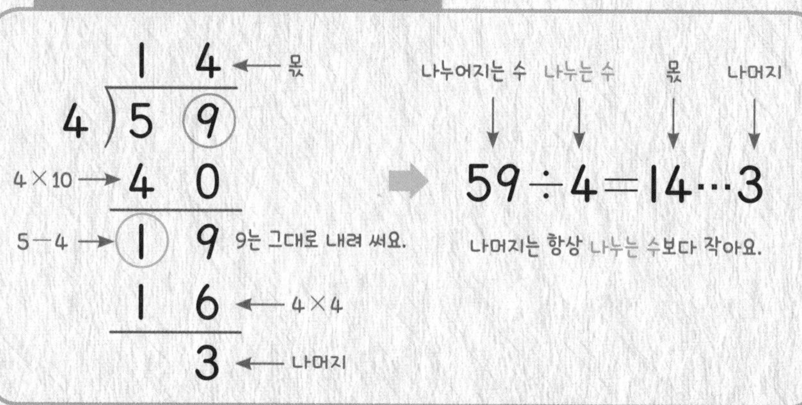

(세 자리 수)÷(한 자리 수)

$$
\begin{array}{r}
75 \\
5\overline{)377} \\
\underline{350} \\
27 \\
\underline{25} \\
2
\end{array}
$$

- 75 ← 몫
- 5×70 → 350
- 37−35 → 27 ← 7은 그대로 내려 써요.
- 5×5 → 25
- 2 ← 나머지

MEMO

정답

아이가 좋아하는 4단계 초등연산

수학을 좋아하게 되는 **창의적이고 재미있는 문제 풀이**

연산이 자연스럽게 숙달되는 **체계적 학습 프로그램**

① **2** ③

곱셈·나눗셈

동양북스

정답

아이가 좋아하는 4단계 초등연산

곱셈·나눗셈

2

동양북스

p.011

그림을 보고 □ 안에 알맞은 수를 써넣어 보세요.

01 (몇십)×(몇)

$20 \times 1 = \boxed{20}$

$20 \times 2 = \boxed{40}$

$20 \times 4 = \boxed{80}$

$30 \times 3 = \boxed{90}$

02 올림이 없는 (두 자리 수)×(한 자리 수)

$23 \times 2 = \boxed{40} + \boxed{6} = \boxed{46}$ (20×2, 3×2)

$32 \times 1 = \boxed{30} + \boxed{2} = \boxed{32}$

$32 \times 2 = \boxed{60} + \boxed{4} = \boxed{64}$

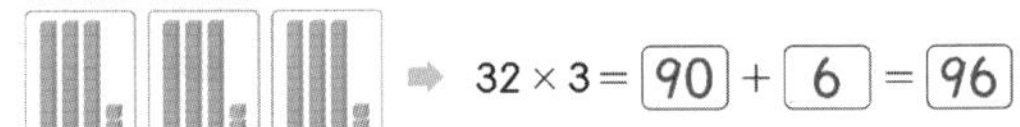

$32 \times 3 = \boxed{90} + \boxed{6} = \boxed{96}$

p.012~013

원리가 쏙쏙 적용이 척척 풀이가 술술 실력이 쑥쑥

(몇십)×(몇)을 곱셈의 원리를 이용하여 계산해 보세요.

01 $1 \times 3 = \boxed{3}$, $10 \times 3 = \boxed{30}$

02 $2 \times 3 = \boxed{6}$, $20 \times 3 = \boxed{60}$

03 $30 \times 2 = \boxed{60}$, $30 \times 3 = \boxed{90}$

04 $20 \times 4 = \boxed{80}$, $40 \times 2 = \boxed{80}$

05 $30 \times 4 = \boxed{120}$ (3×4=12), $30 \times 5 = \boxed{150}$

06 $20 \times 5 = \boxed{100}$, $50 \times 2 = \boxed{100}$

07 $50 \times 3 = \boxed{150}$, $60 \times 3 = \boxed{180}$

08 $60 \times 6 = \boxed{360}$, $70 \times 7 = \boxed{490}$

09 $30 \times 8 = \boxed{240}$, $20 \times 8 = \boxed{160}$

10 $40 \times 9 = \boxed{360}$, $90 \times 4 = \boxed{360}$

두 자리 수와 한 자리 수의 곱셈을
일의 자리와 십의 자리의 합을 이용하여
계산해 보세요.

22×3 ➡ 2×3 → 6, 20×3 → 60, 60+6 → 66

01

	1	1
×		2
		2 ← 1×2
	2	0 ← 10×2
	2	2

02

	1	3
×		2
		6
	2	0
	2	6

03

	1	1
×		5
		5
	5	0
	5	5

04

	1	2
×		3
		6
	3	0
	3	6

05

	2	1
×		2
		2
	4	0
	4	2

06

	2	3
×		3
		9
	6	0
	6	9

07

	3	1
×		2
		2
	6	0
	6	2

08

	1	1
×		7
		7
	7	0
	7	7

09

	3	4
×		2
		8
	6	0
	6	8

p.014~015

원리가 쑥쑥 | 적용이 척척 | 풀이가 술술 | 실력이 쑥쑥

(몇십)×(몇)을 계산해 보세요.

01 $10 \times 3 = 30$, $10 \times 5 = 50$, $10 \times 7 = 70$

02 $20 \times 3 = 60$, $30 \times 3 = 90$, $40 \times 3 = 120$

03 $40 \times 4 = 160$, $70 \times 2 = 140$, $90 \times 2 = 180$

04 $20 \times 6 = 120$, $30 \times 6 = 180$, $40 \times 6 = 240$

05 $20 \times 5 = 100$, $40 \times 5 = 200$, $50 \times 4 = 200$

06 $60 \times 5 = 300$, $70 \times 5 = 350$, $80 \times 5 = 400$

07 $80 \times 2 = 160$, $80 \times 4 = 320$, $80 \times 6 = 480$

08 $20 \times 7 = 140$, $50 \times 7 = 350$, $90 \times 7 = 630$

09 $90 \times 3 = 270$, $90 \times 5 = 450$, $90 \times 7 = 630$

10 $20 \times 9 = 180$, $50 \times 9 = 450$, $80 \times 9 = 720$

(두 자리 수)×(한 자리 수)를 계산해 보세요.

01 $11 \times 4 = 44$

02 $13 \times 3 = 39$

03 $22 \times 2 = 44$

04 $23 \times 2 = 46$

05 $33 \times 2 = 66$

06 $11 \times 3 = 33$

07 $14 \times 2 = 28$

08 $43 \times 2 = 86$

09 $31 \times 3 = 93$

10 $23 \times 3 = 69$

11 $41 \times 2 = 82$

12 $22 \times 4 = 88$

13 $42 \times 2 = 84$

14 $11 \times 9 = 99$

15 $33 \times 3 = 99$

p.016~017

원리가 쑥쑥 | 적용이 척척 | 풀이가 술술 | 실력이 쑥쑥

더 큰 수를 따라 가도록 선을 그려 보세요.

01 10×6 / 50×1

02 12×4 / 30×2

03

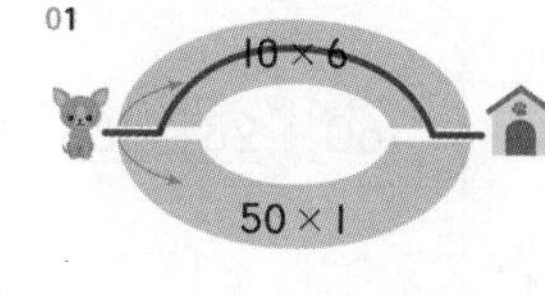

04

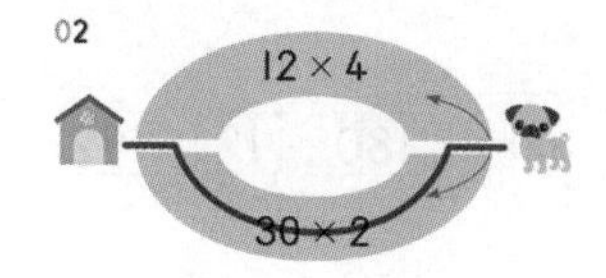

05

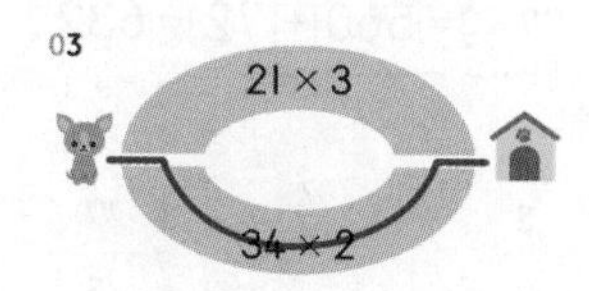

06

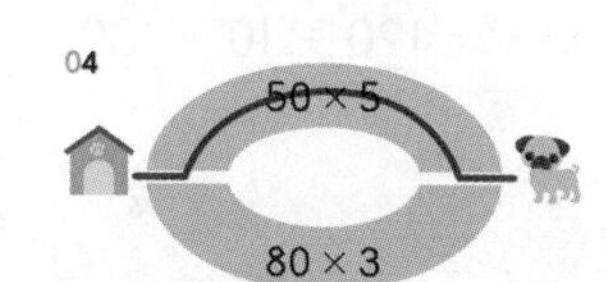

07

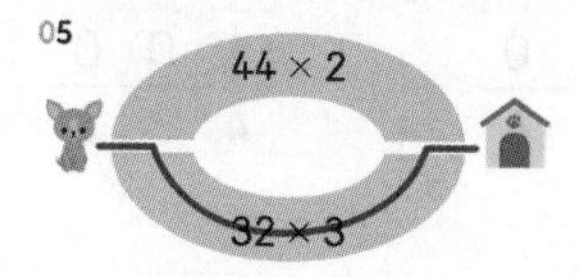

08

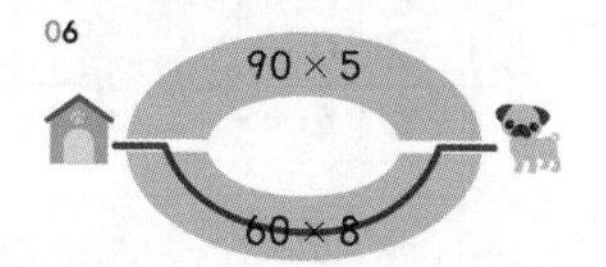

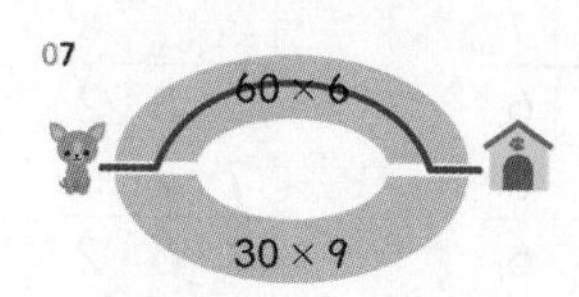

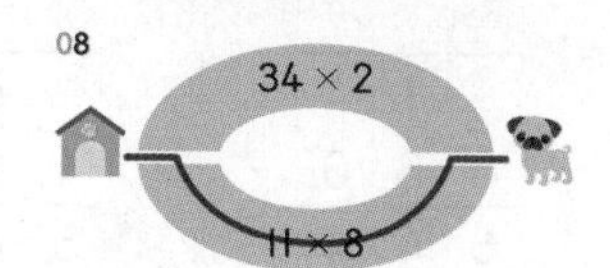

곱셈을 하여 빈칸에 알맞은 수를 써넣으세요.

p.019

올림이 있는 (두 자리 수)×(한 자리 수)

원리가 쏙쏙 적용이 척척 풀이가 술술 실력이 쑥쑥

곱셈을 하여 □ 안에 알맞은 수를 써넣어 보세요.

01 십의 자리에서 올림이 있는 (두 자리 수)×(한 자리 수)

21×7: 7 ➡ 147

42×3: 6 ➡ 126

02 일의 자리에서 올림이 있는 (두 자리 수)×(한 자리 수)

38×2: [1] 6 ➡ [1] 76

19×5: [4] 5 ➡ [4] 95

03 올림이 2번 있는 (두 자리 수)×(한 자리 수)

28×4: [3] 2 ➡ [3] 112

53×8: [2] 4 ➡ [2] 424

p.020~021

원리가 쏙쏙 적용이 척척 풀이가 술술 실력이 쑥쑥

올림이 1번 있는 (두 자리 수)×(한 자리 수)를 곱셈의 원리를 이용하여 계산해 보세요.

01 $21 \times 5 = 105$ ($2 \times 5 = 10$, $1 \times 5 = 5$)

02 $53 \times 3 = 159$

03 $42 \times 4 = 168$

04 $63 \times 2 = 126$

05 $41 \times 8 = 328$

06 $84 \times 2 = 168$

07 $91 \times 6 = 546$

08 $16 \times 4 = 40 + 24 = 64$ ($10 \times 4 = 40$, $6 \times 4 = 24$)

09 $27 \times 3 = 60 + 21 = 81$

10 $19 \times 4 = 40 + 36 = 76$

11 $49 \times 2 = 80 + 18 = 98$

12 $15 \times 6 = 60 + 30 = 90$

13 $46 \times 2 = 80 + 12 = 92$

14 $12 \times 7 = 70 + 14 = 84$

올림이 2번 있는 (두 자리 수)X(한 자리 수)를 곱셈의 원리를 이용하여 계산해 보세요.

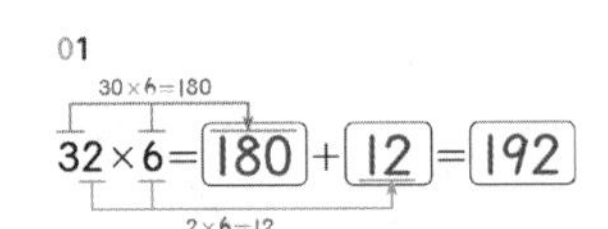

01 $32 \times 6 = 180 + 12 = 192$ ($30 \times 6 = 180$, $2 \times 6 = 12$)

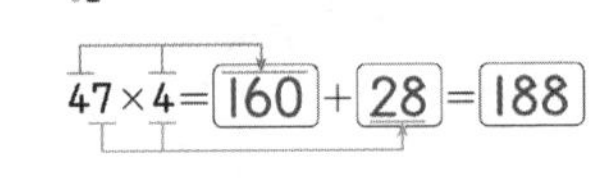

02 $47 \times 4 = 160 + 28 = 188$

03 $65 \times 2 = 120 + 10 = 130$

04 $79 \times 8 = 560 + 72 = 632$

05

	2	4
×		6
	2	4
1	2	0
1	4	4

(24 ← 4×6, 120 ← 20×6)

06

	5	8
×		3
	2	4
1	5	0
1	7	4

07

	8	7
×		5
	3	5
4	0	0
4	3	5

08

	9	2
×		7
	1	4
6	3	0
6	4	4

09

	7	8
×		7
	5	6
4	9	0
5	4	6

10

	9	4
×		8
	3	2
7	2	0
7	5	2

p.022~023

원리가 쏙쏙 적용이 척척 **풀이가 술술** 실력이 쑥쑥

십의 자리에서 올림이 있는 (두 자리 수)×(한 자리 수)를 계산해 보세요.

01 $31 \times 5 = 155$

02 $54 \times 2 = 108$

03 $21 \times 8 = 168$

04 $52 \times 4 = 208$

05 $62 \times 3 = 186$

06 $51 \times 7 = 357$

07 $82 \times 4 = 328$

08 $73 \times 3 = 219$

09 $61 \times 5 = 305$

10 $71 \times 4 = 284$

11 $41 \times 5 = 205$

12 $74 \times 2 = 148$

13 $91 \times 4 = 364$

14 $82 \times 3 = 246$

15 $93 \times 3 = 279$

일의 자리에서 올림이 있는 (두 자리 수)×(한 자리 수)를 계산해 보세요.

01 $17 \times 3 = 51$ (올림 2)

02 $12 \times 8 = 96$

03 $14 \times 3 = 42$

04 $26 \times 2 = 52$

05 $13 \times 5 = 65$

06 $19 \times 2 = 38$

07 $24 \times 4 = 96$

08 $37 \times 2 = 74$

09 $47 \times 2 = 94$

10 $48 \times 2 = 96$

11 $35 \times 2 = 70$

12 $13 \times 6 = 78$

13 $16 \times 5 = 80$

14 $29 \times 3 = 87$

15 $45 \times 2 = 90$

p.024~025

올림이 2번 있는 (두 자리 수)×(한 자리 수)를 계산해 보세요.

01 $27 \times 6 = 162$ (올림 4)

02 $46 \times 3 = 138$

03 $33 \times 5 = 165$

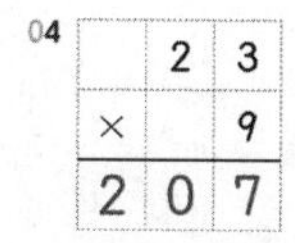

04 $23 \times 9 = 207$

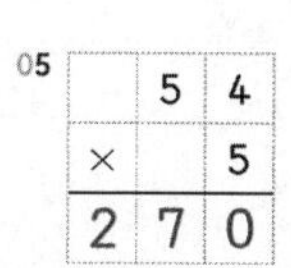

05 $54 \times 5 = 270$

06 $74 \times 7 = 518$

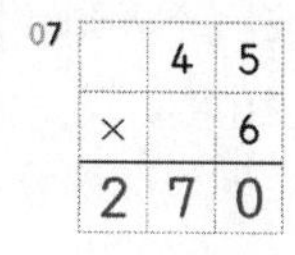

07 $45 \times 6 = 270$

08 $89 \times 2 = 178$

09 $18 \times 7 = 126$

10 $38 \times 7 = 266$

11 $34 \times 9 = 306$

12 $47 \times 9 = 423$

13 $36 \times 8 = 288$

14 $46 \times 5 = 230$

15 $69 \times 4 = 276$

16 $48 \times 7 = 336$

17 $58 \times 7 = 406$

18 $66 \times 9 = 594$

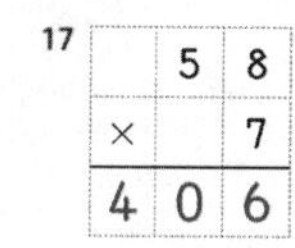

19 $66 \times 6 = 396$

20 $92 \times 6 = 552$

21 $84 \times 8 = 672$

22 $78 \times 9 = 702$

23 $86 \times 7 = 602$

24 $98 \times 4 = 392$

25 $87 \times 4 = 348$

26 $99 \times 5 = 495$

27 $93 \times 9 = 837$

28 $75 \times 8 = 600$

29 $53 \times 6 = 318$

30 $96 \times 9 = 864$

31 $89 \times 6 = 534$

32 $84 \times 9 = 756$

33 $93 \times 8 = 744$

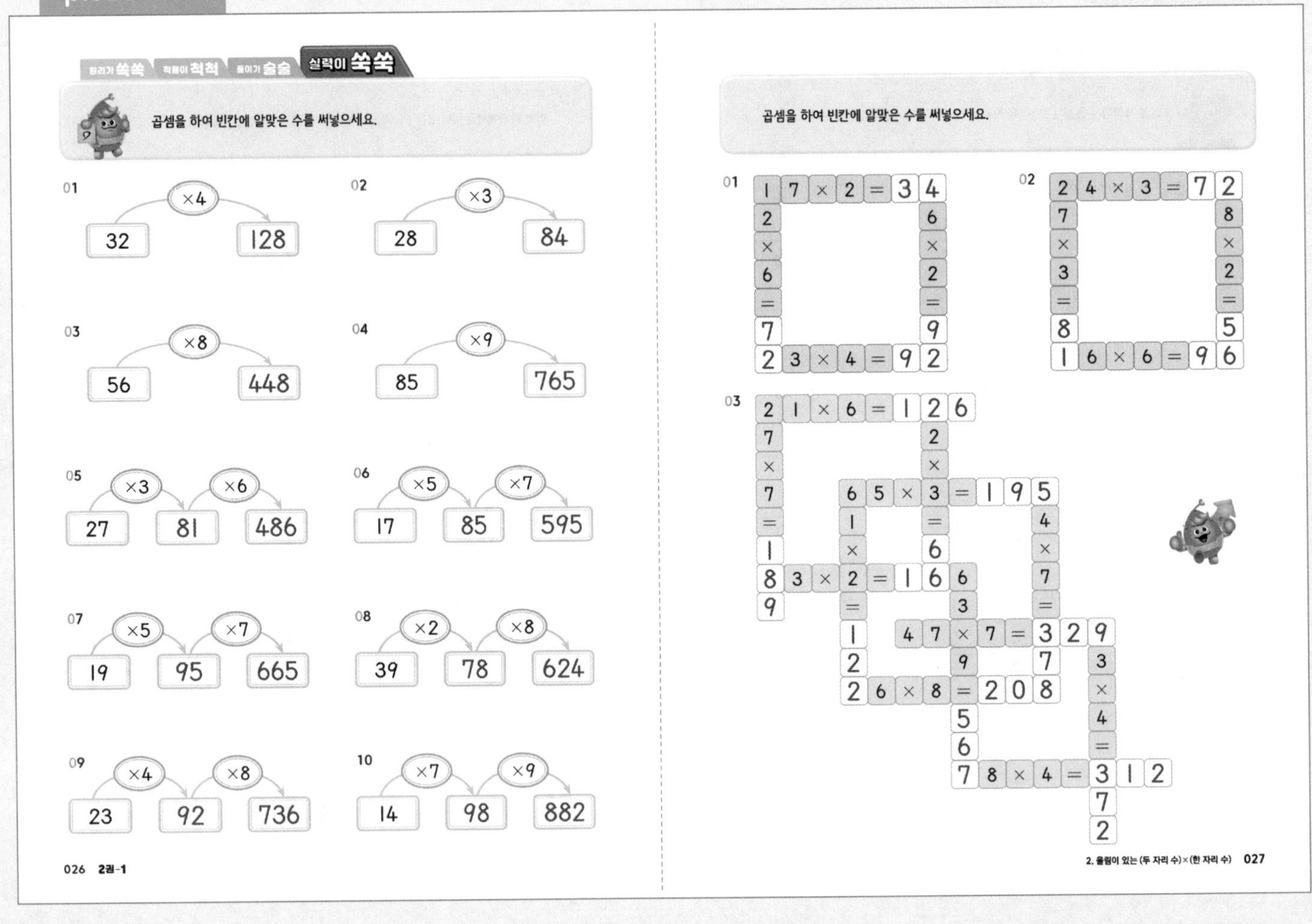

원리가 쏙쏙 적용이 척척 풀이가 술술 실력이 쑥쑥

곱셈을 하여 빈칸에 알맞은 수를 써넣으세요.

01 32 →(×4)→ 128

02 28 →(×3)→ 84

03 56 →(×8)→ 448

04 85 →(×9)→ 765

05 27 →(×3)→ 81 →(×6)→ 486

06 17 →(×5)→ 85 →(×7)→ 595

07 19 →(×5)→ 95 →(×7)→ 665

08 39 →(×2)→ 78 →(×8)→ 624

09 23 →(×4)→ 92 →(×8)→ 736

10 14 →(×7)→ 98 →(×9)→ 882

026 2권-1

곱셈을 하여 빈칸에 알맞은 수를 써넣으세요.

01 17 × 2 = 34, 12 × 6 = 72, 46 × 2 = 92, 23 × 4 = 92

02 24 × 3 = 72, 27 × 3 = 81, 28 × 2 = 56, 16 × 6 = 96

03 21 × 6 = 126, 27 × 7 = 189, 22 × 3 = 66, 65 × 3 = 195, 61 × 2 = 122, 54 × 7 = 378, 83 × 2 = 166, 63 × 9 = 567, 47 × 7 = 329, 93 × 4 = 372, 26 × 8 = 208, 78 × 4 = 312

2. 올림이 있는 (두 자리 수)×(한 자리 수) 027

p.029

3
(세 자리 수)×(한 자리 수)

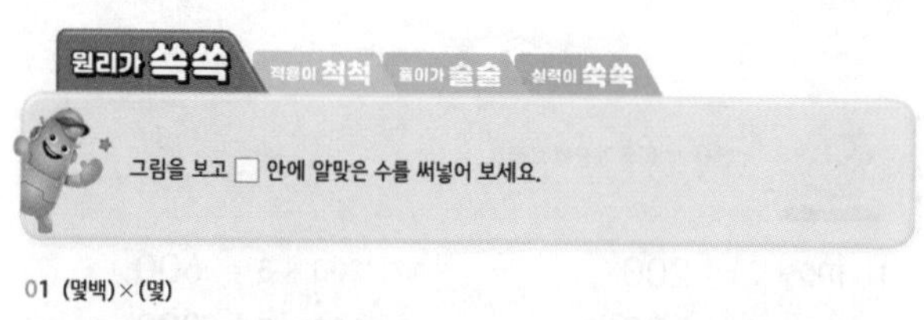
원리가 쑥쑥 적용이 척척 풀이가 술술 실력이 쑥쑥
그림을 보고 □ 안에 알맞은 수를 써넣어 보세요.

01 (몇백)×(몇)

$200 \times 3 =$ 600

$300 \times 2 =$ 600

$300 \times 5 =$ 1500

02 올림이 없는 (세 자리 수)×(한 자리 수)

	2	1	0
×			4
		4	0

→

	2	1	0
×			4
	8	4	0

	3	2	3
×			2
			6

→

	3	2	3
×			2
		4	6

→

	3	2	3
×			2
	6	4	6

p.030~031

원리가 쑥쑥 적용이 척척 풀이가 술술 실력이 쑥쑥

(몇백)×(몇)을 곱셈의 원리를 이용하여 계산해 보세요.

01 $10 \times 3 =$ 30
$100 \times 3 =$ 300

02 $30 \times 2 =$ 60
$300 \times 2 =$ 600

03 $200 \times 2 =$ 400
$200 \times 4 =$ 800

04 $400 \times 1 =$ 400
$400 \times 2 =$ 800

05 $300 \times 3 =$ 900
$300 \times 4 =$ 1200

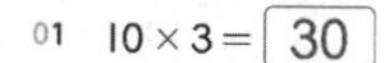
3×4=12

06 $200 \times 6 =$ 1200
$400 \times 6 =$ 2400

07 $500 \times 3 =$ 1500
$600 \times 3 =$ 1800

08 $600 \times 5 =$ 3000
$700 \times 5 =$ 3500

09 $800 \times 5 =$ 4000
$800 \times 7 =$ 5600

10 $900 \times 6 =$ 5400
$900 \times 9 =$ 8100

세 자리 수와 한 자리 수의 곱셈을 각 자리 수의 합을 이용하여 계산해 보세요.

01

		4	2	3
	×			2
3×2 →				6
20×2 →			4	0
400×2 →		8	0	0
		8	4	6

02

	1	4	4
×			2
			8
		8	0
	2	0	0
	2	8	8

03

	2	2	4
×			2
			8
		4	0
	4	0	0
	4	4	8

04

	3	1	2
×			2
			4
		2	0
	6	0	0
	6	2	4

05

	1	0	1
×			7
			7
			0
	7	0	0
	7	0	7

06

	2	2	1
×			4
			4
		8	0
	8	0	0
	8	8	4

07

	3	3	3
×			3
			9
		9	0
	9	0	0
	9	9	9

08

	2	3	2
×			3
			6
		9	0
	6	0	0
	6	9	6

09

	4	3	1
×			2
			2
		6	0
	8	0	0
	8	6	2

p.032~033

(몇백)×(몇)을 계산해 보세요.

01 100 × 2 = 200
100 × 5 = 500
100 × 7 = 700

02 200 × 3 = 600
300 × 3 = 900
400 × 3 = 1200

03 300 × 4 = 1200
600 × 2 = 1200
800 × 2 = 1600

04 400 × 6 = 2400
500 × 6 = 3000
600 × 6 = 3600

05 200 × 2 = 400
500 × 5 = 2500
600 × 4 = 2400

06 700 × 5 = 3500
800 × 5 = 4000
900 × 5 = 4500

07 800 × 3 = 2400
800 × 5 = 4000
800 × 7 = 5600

08 300 × 7 = 2100
600 × 7 = 4200
900 × 7 = 6300

09 900 × 4 = 3600
900 × 6 = 5400
900 × 8 = 7200

10 700 × 9 = 6300
800 × 9 = 7200
900 × 9 = 8100

(세 자리 수)×(한 자리 수)를 계산해 보세요.

01 132 × 3 = 396

02 121 × 4 = 484

03 231 × 3 = 693

04 120 × 4 = 480

05 434 × 2 = 868

06 111 × 7 = 777

07 321 × 3 = 963

08 211 × 2 = 422

09
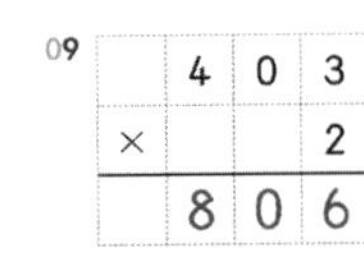

10 244 × 2 = 488

11 432 × 2 = 864

12
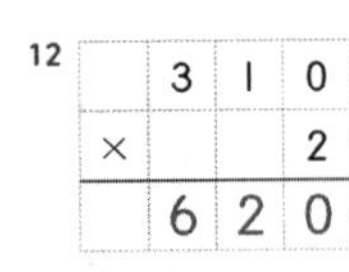

13 322 × 3 = 966

14 111 × 9 = 999

15
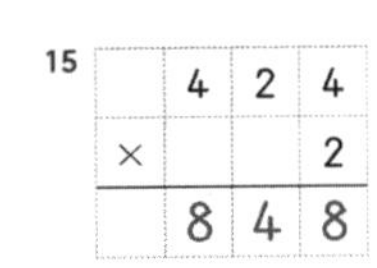

p.034~035

원리가 쑥쑥 적용이 척척 풀이가 술술 실력이 쑥쑥

선으로 연결된 두 수의 곱을 가운데 빈칸에 써넣으세요.

01, 02
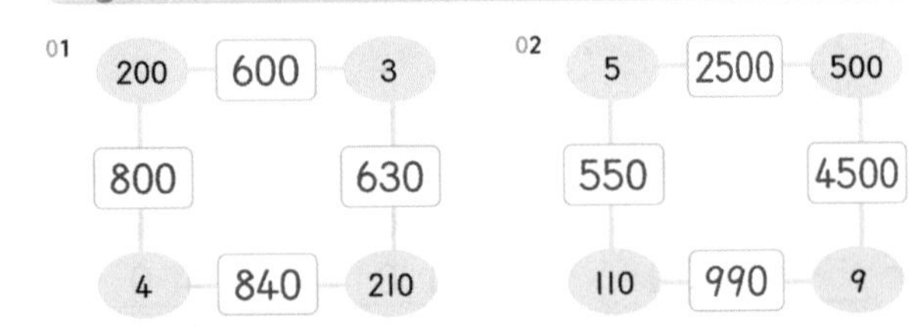

03, 04
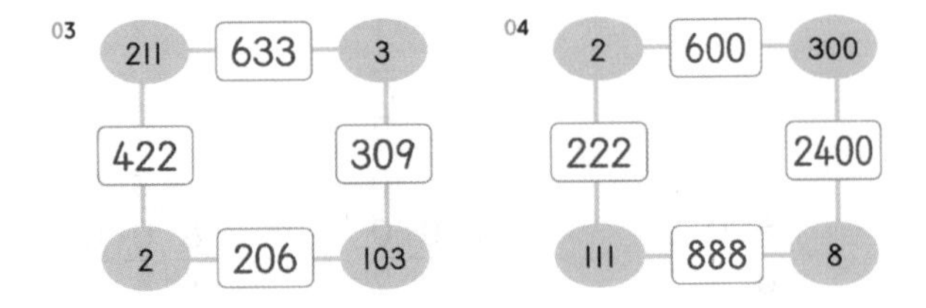

05, 06
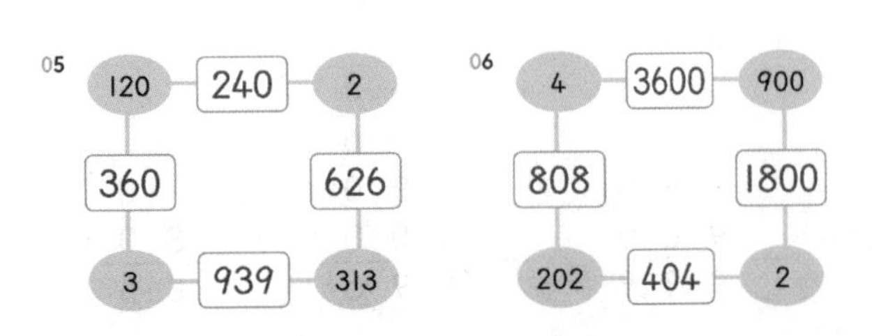

화살표 방향으로 곱셈을 하여 빈칸에 알맞은 수를 써넣으세요.

01 232, 344, 2, 688, 464

02
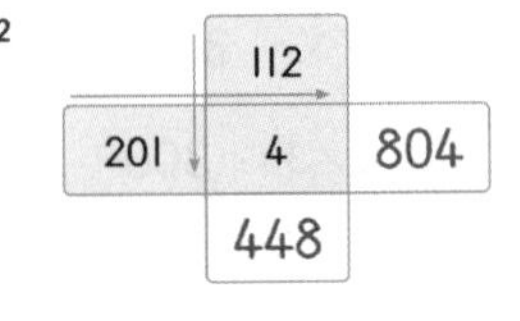

03 103, 3, 309, 2, 206

04
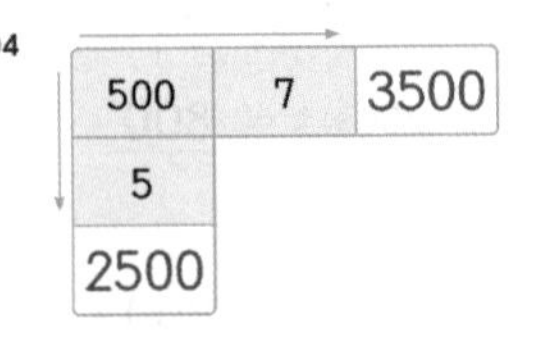

05
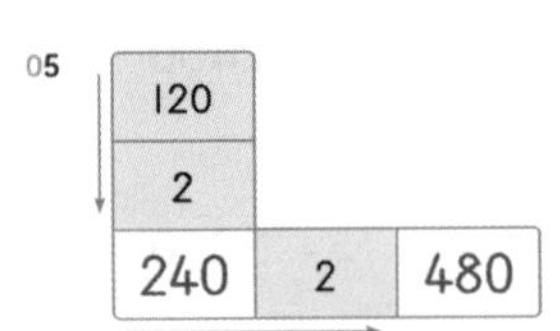

06 110, 4, 440, 2, 880

07
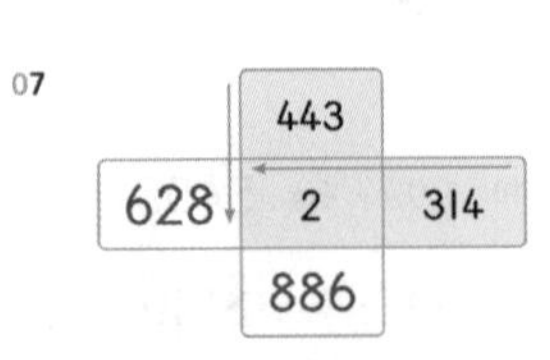

08 800, 848, 4, 212, 3200

p.037

올림이 1번 있는 (세 자리 수)×(한 자리 수)

원리가 쏙쏙 | 적용이 척척 | 풀이가 술술 | 실력이 쑥쑥

일의 자리 수부터 곱셈을 하여 □ 안에 알맞은 수를 써넣어 보세요.

01 일의 자리에서 올림이 있는 (세 자리 수)×(한 자리 수)

	219 × 3	→	219 × 3	→	219 × 3
올림	2		2		2
답	7		57		657

02 십의 자리에서 올림이 있는 (세 자리 수)×(한 자리 수)

	363 × 2	→	363 × 2	→	363 × 2
올림			1		1
답	6		26		726

03 백의 자리에서 올림이 있는 (세 자리 수)×(한 자리 수)

	211 × 8	→	211 × 8	→	211 × 8
답	8		88		1688

p.038~039

원리가 쏙쏙 | 적용이 척척 | 풀이가 술술 | 실력이 쑥쑥

(세 자리 수)×(한 자리 수)를 곱셈의 원리를 이용하여 계산해 보세요.

번호	식	①		②		③		답
01	339 × 2 =	600 (300×2)	+	60 (30×2)	+	18 (9×2)	=	678
02	163 × 3 =	300	+	180	+	9	=	489
03	611 × 9 =	5400	+	90	+	9	=	5499
04	437 × 2 =	800	+	60	+	14	=	874
05	120 × 8 =	800	+	160	+	0	=	960
06	534 × 2 =	1000	+	60	+	8	=	1068
07	814 × 2 =	1600	+	20	+	8	=	1628
08	318 × 3 =	900	+	30	+	24	=	954
09	161 × 5 =	500	+	300	+	5	=	805
10	811 × 7 =	5600	+	70	+	7	=	5677

세 자리 수와 한 자리 수의 곱셈을 각 자리 수의 합을 이용하여 계산해 보세요.

번호	01	02	03	04	05	06	07	08	09
세 자리 수	338	271	109	183	453	243	632	412	721
×	2	2	2	3	2	3	2	4	4
일의 자리 곱	16 (8×2)	2	18	9	6	9	4	8	4
십의 자리 곱	60 (30×2)	140	0	240	100	120	60	40	80
백의 자리 곱	600 (300×2)	400	200	300	800	600	1200	1600	2800
합	676	542	218	549	906	729	1264	1648	2884

p.040~041

원리가 쏙쏙 | 적용이 척척 | **풀이가 술술** | 실력이 쑥쑥

올림이 1번 있는 (세 자리 수)×(한 자리 수)를 계산해 보세요.

번호	올림	계산	답
01	1	314 × 3	942
02	3	208 × 4	832
03	2	219 × 3	657
04	1	494 × 2	988
05	1	132 × 4	528
06	1	352 × 2	704
07		531 × 3	1593
08		713 × 2	1426
09		601 × 8	4808
10	2	114 × 6	684
11	3	191 × 4	764
12		433 × 3	1299
13	3	182 × 4	728
14		624 × 2	1248
15	5	108 × 7	756
16	1	492 × 2	984
17		311 × 5	1555
18	1	124 × 4	496
19	6	107 × 9	963
20	1	232 × 4	928
21		721 × 4	2884
22		714 × 2	1428
23	1	315 × 3	945
24	2	273 × 3	819
25	1	329 × 2	658
26	1	451 × 2	902
27		831 × 3	2493
28	1	471 × 2	942
29		921 × 4	3684
30	1	415 × 2	830
31		942 × 2	1884
32	2	329 × 3	987
33	1	131 × 5	655

p.042~043

원리가 쏙쏙 | 적용이 척척 | 풀이가 술술 | **실력이 쑥쑥**

(세 자리 수)×(한 자리 수)를 계산해 보세요.

번호	계산	답
01	119 × 2	238
02	142 × 3	426
03	704 × 2	1408
04	364 × 2	728
05	914 × 2	1828
06	151 × 5	755
07	137 × 2	274
08	382 × 2	764
09	451 × 2	902
10	271 × 3	813
11	105 × 7	735
12	512 × 4	2048
13	283 × 2	566
14	452 × 2	904
15	126 × 4	504
16	231 × 4	924
17	226 × 3	678
18	301 × 8	2408
19	291 × 3	873
20	345 × 2	690
21	417 × 2	834
22	810 × 9	7290
23	131 × 7	917
24	217 × 4	868
25	439 × 2	878
26	294 × 2	588
27	714 × 2	1428
28	821 × 4	3284
29	219 × 4	876
30	923 × 3	2769
31	361 × 2	722
32	473 × 2	946
33	513 × 3	1539
34	252 × 3	756
35	631 × 3	1893
36	481 × 2	962
37	723 × 3	2169
38	322 × 4	1288
39	812 × 4	3248

p.045

올림이 여러 번 있는 (세 자리 수)×(한 자리 수)

원리가 쏙쏙 | 적용이 척척 | 풀이가 술술 | 실력이 쑥쑥

일의 자리 수부터 곱셈을 하여 □ 안에 알맞은 수를 써넣어 보세요.

01 올림이 2번 있는 (세 자리 수)×(한 자리 수)

단계 1	단계 2	단계 3
올림 1; 246 × 3 = 8	올림 1, 1; 246 × 3 = 38	올림 1, 1; 246 × 3 = 738
올림 3; 415 × 6 = 0	올림 3; 415 × 6 = 90	올림 3; 415 × 6 = 2490
571 × 8 = 8	올림 5; 571 × 8 = 68	올림 5; 571 × 8 = 4568

02 올림이 3번 있는 (세 자리 수)×(한 자리 수)

단계 1	단계 2	단계 3
올림 1; 678 × 2 = 6	올림 1, 1; 678 × 2 = 56	올림 1, 1; 678 × 2 = 1356

p.046~047

원리가 쏙쏙 | 적용이 척척 | 풀이가 술술 | 실력이 쑥쑥

세 자리 수와 한 자리 수의 곱셈을 각 자리 수의 합을 이용하여 계산해 보세요.

번호	곱셈	일의 자리 곱	십의 자리 곱	백의 자리 곱	합
01	418 × 4	8×4 → 32	10×4 → 40	400×4 → 1600	1672
02	954 × 2	8	100	1800	1908
03	856 × 2	12	100	1600	1712
04	347 × 7	49	280	2100	2429
05	537 × 6	42	180	3000	3222
06	735 × 7	35	210	4900	5145
07	687 × 9	63	720	5400	6183
08	942 × 4	8	160	3600	3768
09	649 × 8	72	320	4800	5192

올림이 여러 번 있는 (세 자리 수)×(한 자리 수)를 계산해 보세요.

번호	올림	곱셈	답
01	2, 2	269 × 3	807
02	2	817 × 4	3268
03	2	583 × 3	1749
04	2, 1	142 × 6	852
05	3	251 × 6	1506
06	1, 3	136 × 5	680
07	1	763 × 2	1526
08	1	824 × 3	2472
09	1	762 × 3	2286
10	1	649 × 2	1298
11	2	928 × 3	2784
12	1	515 × 3	1545
13	5, 2	884 × 7	6188
14	2, 2	423 × 9	3807
15	6, 4	975 × 8	7800

p.048~049

익히기 쑥쑥 | 적용이 척척 | **풀이가 술술** | 실력이 쑥쑥

(세 자리 수)×(한 자리 수)를 계산해 보세요.

01 267 × 3 = 801	02 369 × 2 = 738	03 296 × 5 = 1480
04 742 × 6 = 4452	05 563 × 8 = 4504	06 154 × 6 = 924
07 450 × 6 = 2700	08 684 × 3 = 2052	09 179 × 8 = 1432
10 288 × 2 = 576	11 309 × 5 = 1545	12 341 × 4 = 1364
13 275 × 3 = 825	14 365 × 2 = 730	15 258 × 8 = 2064
16 132 × 7 = 924	17 452 × 4 = 1808	18 119 × 8 = 952

19 753 × 2 = 1506	20 924 × 4 = 3696	21 569 × 8 = 4552
22 248 × 7 = 1736	23 956 × 2 = 1912	24 386 × 5 = 1930
25 485 × 6 = 2910	26 546 × 6 = 3276	27 453 × 6 = 2718
28 775 × 9 = 6975	29 526 × 8 = 4208	30 691 × 6 = 4146
31 838 × 6 = 5028	32 178 × 8 = 1424	33 976 × 9 = 8784
34 627 × 3 = 1881	35 693 × 9 = 6237	36 561 × 9 = 5049
37 466 × 3 = 1398	38 735 × 7 = 5145	39 842 × 4 = 3368

p.050~051

익히기 쑥쑥 | 적용이 척척 | 풀이가 술술 | **실력이 쑥쑥**

곱셈을 하여 빈칸에 알맞은 수를 써넣으세요.

01 258 (×3) 774 (×2) 1548

02 178 (×2) 356 (×4) 1424

03 236 (×2) 472 (×3) 1416

04 163 (×5) 815 (×4) 3260

05 189 (×3) 567 (×6) 3402

06 389 (×2) 778 (×4) 3112

07 297 (×3) 891 (×7) 6237

08 164 (×3) 492 (×9) 4428

09 459 (×2) 918 (×7) 6426

10 194 (×5) 970 (×8) 7760

화살표 방향으로 곱셈을 하여 빈칸을 채워 보세요.

01 165 ×3 → 495, 526 ×3 → 1578

02 384 ×5 → 1920, 267 ×5 → 1335

03 735 ×8 → 5880, 329 ×8 → 2632

04 312 ×7 → 2184, 692 ×7 → 4844

05 267 ×2 → 534, 534 ×6 → 3204, 534 ×4 → 2136

06 128 ×7 → 896, 896 ×9 → 8064, 896 ×5 → 4480

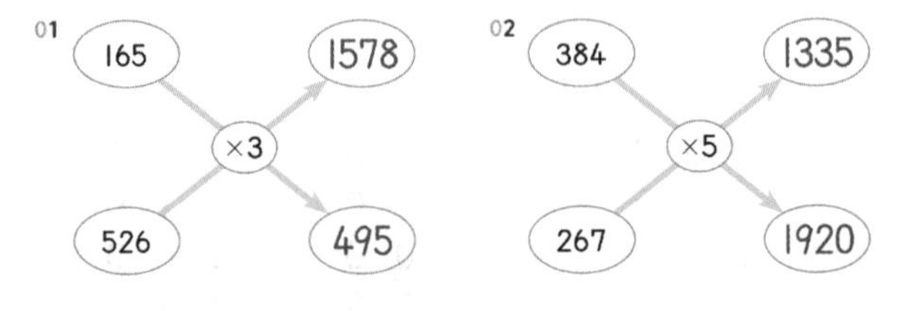

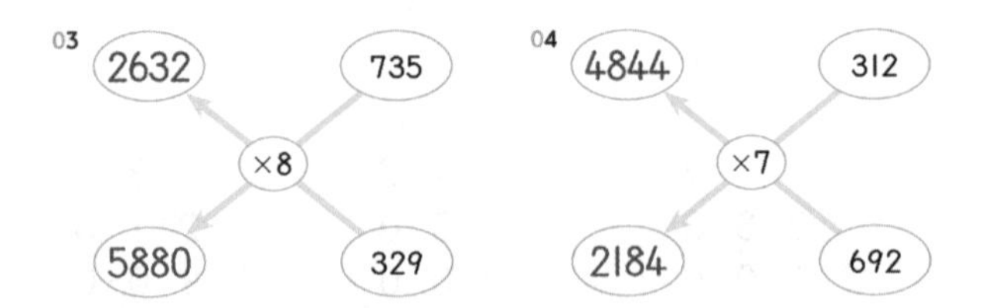

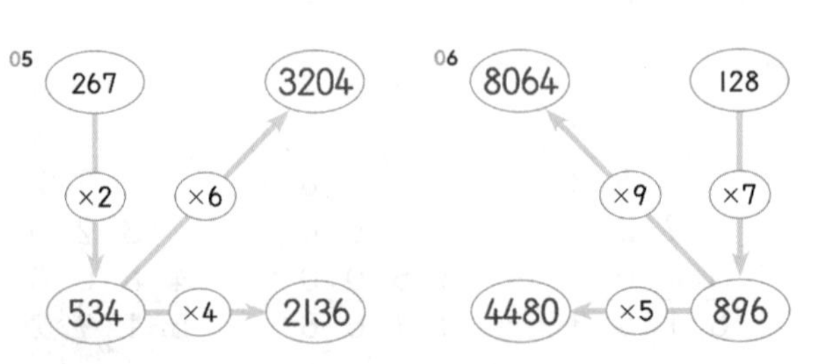

p.052~053

1~5 연산의 활용

1에서 배운 연산으로 해결해 봐요!

▶ 크기를 비교하여 □ 안에 들어갈 수 있는 수를 모두 찾아 ○해 보세요. **크기 비교**

01 230 × 3 > 110 × □

③ ④ ⑤ ⑥ 7

02 221 × □ < 414 × 2

① ② ③ 4 5

03 323 × □ < 322 × 3

① ② 3 4 5

04 600 × 4 > 400 × □

③ ④ ⑤ 6 7

05 102 × 9 < 306 × □

1 2 3 ④ ⑤

06 832 × □ > 612 × 4

1 2 ③ ④ ⑤

07 925 × 4 > 500 × □

⑤ ⑥ ⑦ 8 9

08 825 × □ < 687 × 8

④ ⑤ ⑥ 7 8

▶ 주어진 수 카드를 모두 한 번씩 사용하여 곱셈식을 완성해 보세요. **빈칸 추론**

01 3 0 1 3

130 × 3 = 390

02 4 8 2 2

143 × 2 = 286

03 5 1 0 1

118 × 5 = 590

04 2 4 6 4

491 × 6 = 2946

05 4 9 8 2

237 × 4 = 948

06 2 2 8 8

728 × 8 = 5824

p.054

▶ 이야기들 속에 주어진 조건을 생각하며 식을 세우고 답을 구해 보세요. **문장제**

01 한 박스에 사탕이 230개씩 들어 있을 때, 사탕 박스 3개에 들어 있는 사탕은 모두 몇 개입니까?

식 230×3=690 답 690개

02 예진이 집에서 서점까지는 408m입니다. 오늘 집에서 서점까지 다녀왔다면 예진이가 이동한 거리는 총 몇 m입니까?

식 408×2=816 답 816 m

03 재우네 학교에서는 한 학년에 546장씩 도화지를 사용합니다. 6개 학년이 사용하는 도화지는 모두 몇 장입니까?

식 546×6=3276 답 3276장

04 1년은 365일입니다. 5년은 총 며칠입니까?

식 365×5=1825 답 1825일

(두 자리 수)×(두 자리 수) (1)

p.059

원리가 쏙쏙 적용이 척척 풀이가 술술 실력이 쑥쑥

(몇십)×(몇십)과 (몇십몇)×(몇십)을 원리를 이용하여 계산해 보세요.

01 (몇십)×(몇십)

$20 \times 20 = \boxed{4}00$　　$30 \times 40 = \boxed{12}00$

$20 \times 20 = 400$, $40 \times 30 = 1200$

02 (몇십몇)×(몇십)

$14 \times 30 = \boxed{42}0$　　$28 \times 40 = \boxed{112}0$

$14 \times 30 = 420$, $28 \times 40 = 1120$

p.060~061

원리가 쏙쏙 적용이 척척 풀이가 술술 실력이 쑥쑥

몇 배를 이용하여 (몇십)×(몇십)을 해 보세요.

01 $6 \times 1 = \boxed{6}$ → 10배, 10배, 100배 → $60 \times 10 = \boxed{6}00$

02 $3 \times 5 = \boxed{15}$ → 10배, 10배, 100배 → $30 \times 50 = \boxed{15}00$

03 $2 \times 4 = \boxed{8}$, $20 \times 40 = \boxed{800}$

04 $7 \times 2 = \boxed{14}$, $70 \times 20 = \boxed{1400}$

05 $3 \times 3 = \boxed{9}$, $30 \times 30 = \boxed{900}$

06 $5 \times 5 = \boxed{25}$, $50 \times 50 = \boxed{2500}$

07 $1 \times 7 = \boxed{7}$, $10 \times 70 = \boxed{700}$

08 $6 \times 4 = \boxed{24}$, $60 \times 40 = \boxed{2400}$

09 $8 \times 1 = \boxed{8}$, $80 \times 10 = \boxed{800}$

10 $9 \times 6 = \boxed{54}$, $90 \times 60 = \boxed{5400}$

몇 배를 이용하여 (몇십몇)×(몇십)을 해 보세요.

01 $12 \times 3 = \boxed{36}$ → 10배, 10배 → $12 \times 30 = \boxed{36}0$

02 $25 \times 5 = \boxed{125}$ → 10배, 10배 → $25 \times 50 = \boxed{125}0$

03 $35 \times 2 = \boxed{70}$, $35 \times 20 = \boxed{700}$

04 $27 \times 7 = \boxed{189}$, $27 \times 70 = \boxed{1890}$

05 $48 \times 2 = \boxed{96}$, $48 \times 20 = \boxed{960}$

06 $56 \times 4 = \boxed{224}$, $56 \times 40 = \boxed{2240}$

07 $62 \times 6 = \boxed{372}$, $62 \times 60 = \boxed{3720}$

08 $75 \times 3 = \boxed{225}$, $75 \times 30 = \boxed{2250}$

09 $88 \times 7 = \boxed{616}$, $88 \times 70 = \boxed{6160}$

10 $94 \times 9 = \boxed{846}$, $94 \times 90 = \boxed{8460}$

p.062~063

(몇십)×(몇십), (몇십몇)×(몇십)을 세로셈으로 해 보세요.

01 30 × 40 = 1200

02 30 × 60 = 1800

03 50 × 70 = 3500

04 17 × 30 = 510

05 23 × 60 = 1380

06 36 × 50 = 1800

07 42 × 80 = 3360

08 83 × 70 = 5810

09 15 × 70 = 1050

10 67 × 30 = 2010

11 49 × 50 = 2450

12 30 × 90 = 2700

13 60 × 80 = 4800

14 16 × 50 = 800

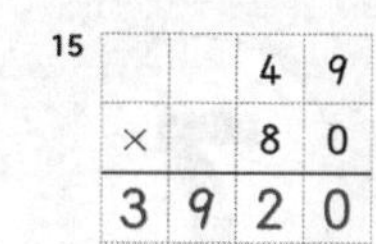

15 49 × 80 = 3920

16 85 × 40 = 3400

17 97 × 20 = 1940

18 55 × 80 = 4400

19 80 × 40 = 3200

20 74 × 70 = 5180

21 28 × 90 = 2520

22 68 × 40 = 2720

23 93 × 60 = 5580

24 84 × 90 = 7560

25 80 × 70 = 5600

26 95 × 90 = 8550

27 49 × 60 = 2940

p.064~065

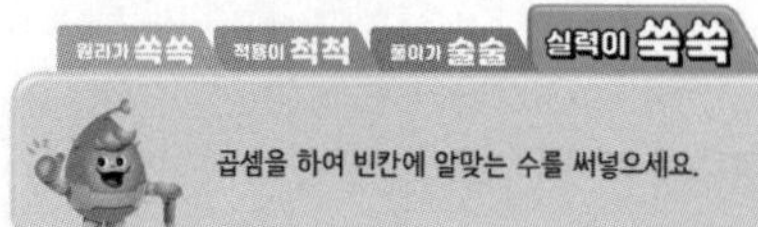

곱셈을 하여 빈칸에 알맞는 수를 써넣으세요.

01 × 20

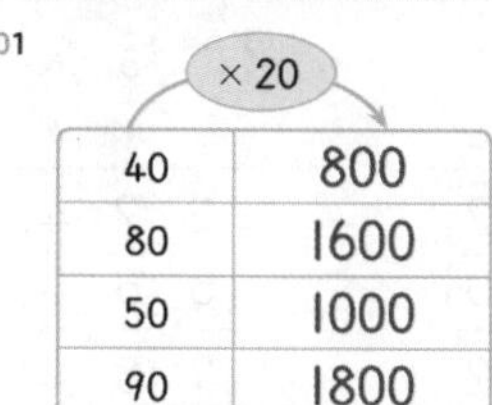

40	800
80	1600
50	1000
90	1800

02 × 10

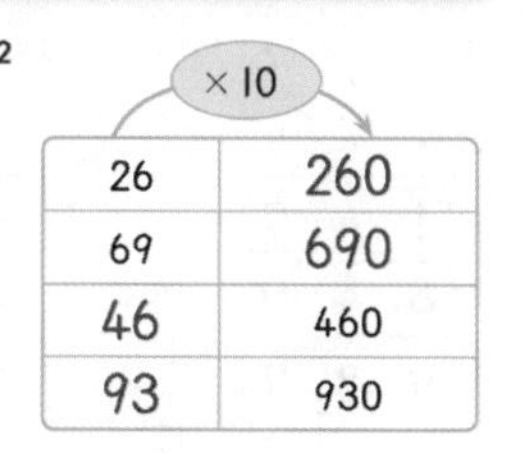

26	260
69	690
46	460
93	930

03 × 30

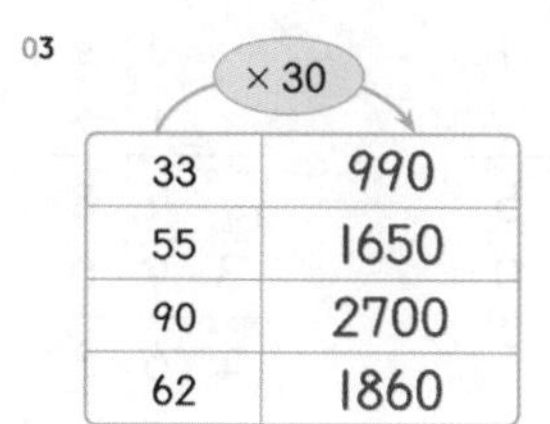

33	990
55	1650
90	2700
62	1860

04 × 60

86	5160
10	600
59	3540
70	4200

05 × 50

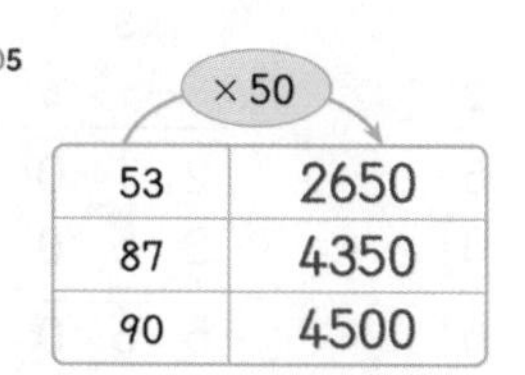

53	2650
87	4350
90	4500

06 × 90

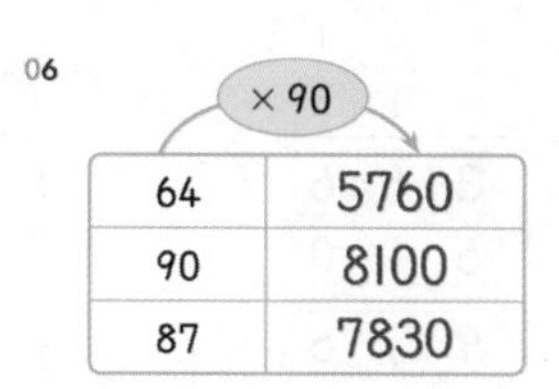

64	5760
90	8100
87	7830

07

23	30	690
50	40	2000
1150	1200	

08

38	60	2280
90	90	8100
3420	5400	

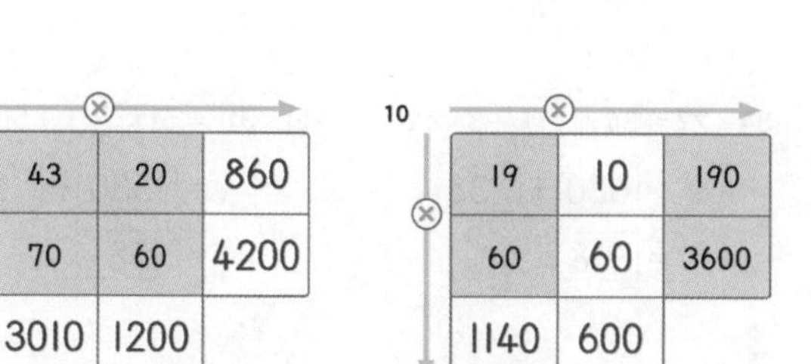

09

43	20	860
70	60	4200
3010	1200	

10

19	10	190
60	60	3600
1140	600	

11

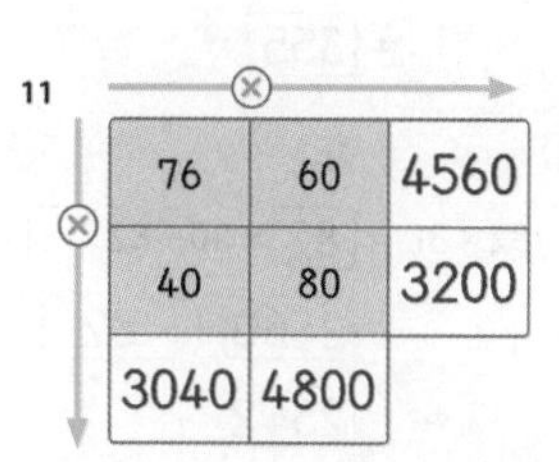

76	60	4560
40	80	3200
3040	4800	

12

65	80	5200
40	50	2000
2600	4000	

p.067

7

(두 자리 수)×(두 자리 수) (2)

원리가 쏙쏙 적용이 척척 풀이가 술술 실력이 쑥쑥

올림이 한 번 있는 (몇십몇)×(몇십몇)을 순서에 따라 계산해 보세요.

01 (몇십몇)×(몇십몇)

2

```
   1 4        1 4        1 4
 × 1 5  ➡   × 1 5  ➡   × 1 5
   7 0        7 0        7 0
            1 4 0      1 4 0
                       2 1 0
```

4

```
   4 5        4 5        4 5
 × 1 8  ➡   × 1 8  ➡   × 1 8
 3 6 0      3 6 0      3 6 0
            4 5 0      4 5 0
                       8 1 0
```

45 × 18 = 45 × 10 + 45 × 8

= 450 + 360

= 810

p.068~069

원리가 쏙쏙 적용이 척척 풀이가 술술 실력이 쑥쑥

올림이 한 번 있는 (몇십몇)×(몇십몇)을 가로셈으로 해 보세요.

01
46×21 = 46×20+46×1
= 920 + 46
= 966

02
22×15 = 22×10+22×5
= 220 + 110
= 330

03
34×27 = 34×20+34×7
= 680 + 238
= 918

04
51×31 = 51×30+51×1
= 1530 + 51
= 1581

05
24×24 = 24×20+24×4
= 480 + 96
= 576

06
45×19 = 45×10+45×9
= 450 + 405
= 855

07
62×14 = 62×10+62×4
= 620 + 248
= 868

08
82×31 = 82×30+82×1
= 2460 + 82
= 2542

올림이 한 번 있는 (몇십몇)×(몇십몇)을 일의 자리 수의 곱부터 순서대로 계산해 보세요.

```
01            02            03
   2 1           3 2           5 6
 × 4 7         × 1 6         × 1 4
 1 4 7 21×7    1 9 2         2 2 4
 8 4 0 21×40   3 2 0         5 6 0
 9 8 7         5 1 2         7 8 4

04            05            06
   4 3           2 7           3 9
 × 1 8         × 2 5         × 1 2
 3 4 4         1 3 5           7 8
 4 3 0         5 4 0         3 9 0
 7 7 4         6 7 5         4 6 8

07            08            09
   6 1           7 8           3 5
 × 1 6         × 1 2         × 1 6
 3 6 6         1 5 6         2 1 0
 6 1 0         7 8 0         3 5 0
 9 7 6         9 3 6         5 6 0
```

p.070~071

원리가 쑥쑥 / 적용이 척척 / **풀이가 술술** / 실력이 쑥쑥

(몇십몇)×(몇십몇)을 세로셈으로 해 보세요.

번호	곱해지는 수	곱하는 수	답
01	23	× 24	552
02	54	× 12	648
03	53	× 13	689
04	12	× 72	864
05	14	× 32	448
06	55	× 14	770
07	17	× 21	357
08	43	× 18	774
09	35	× 12	420
10	64	× 15	960
11	53	× 12	636
12	31	× 27	837
13	14	× 26	364
14	49	× 21	1029
15	33	× 17	561
16	44	× 16	704
17	72	× 14	1008
18	25	× 21	525
19	53	× 21	1113
20	21	× 72	1512
21	42	× 23	966
22	41	× 27	1107
23	81	× 18	1458
24	92	× 41	3772
25	53	× 17	901
26	27	× 31	837
27	81	× 14	1134

p.072~073

원리가 쑥쑥 / 적용이 척척 / 풀이가 술술 / **실력이 쑥쑥**

화살표 방향으로 곱셈을 하여 빈칸을 채워 보세요.

01

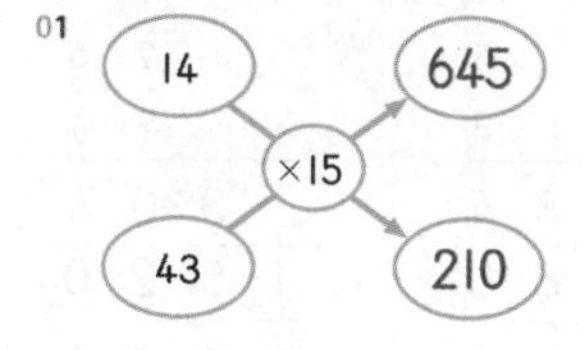

02

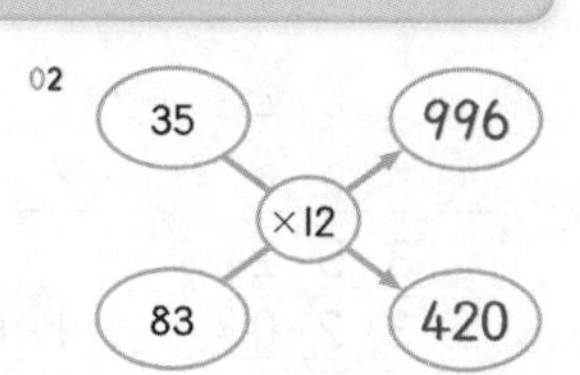

03

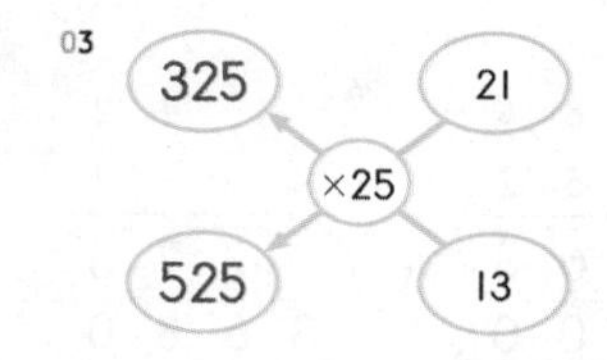

04

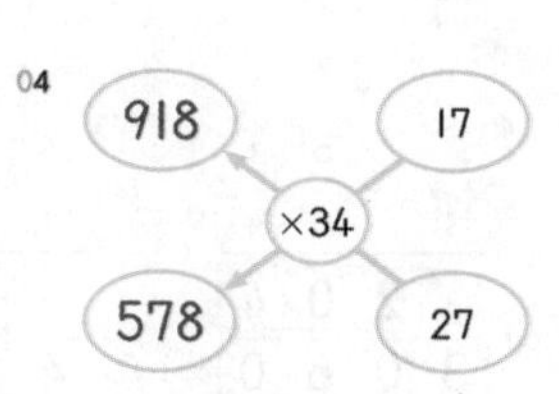

05 06

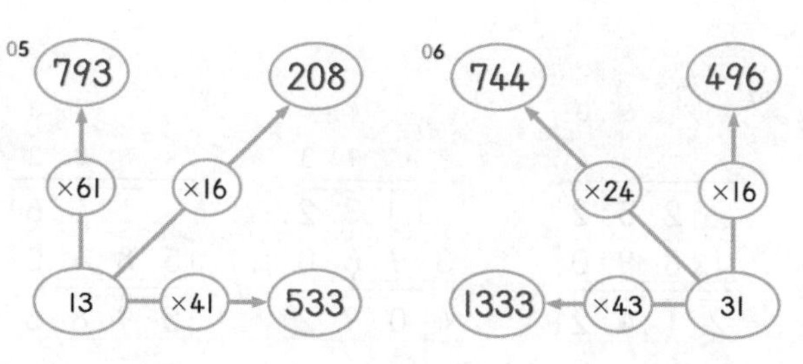

07

31	61	1891
15	12	180
465	732	

08

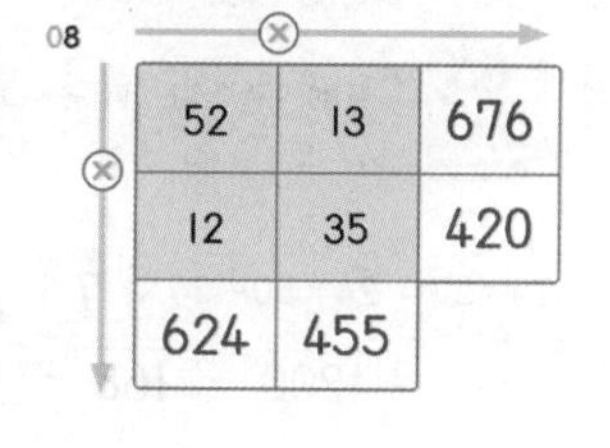

09

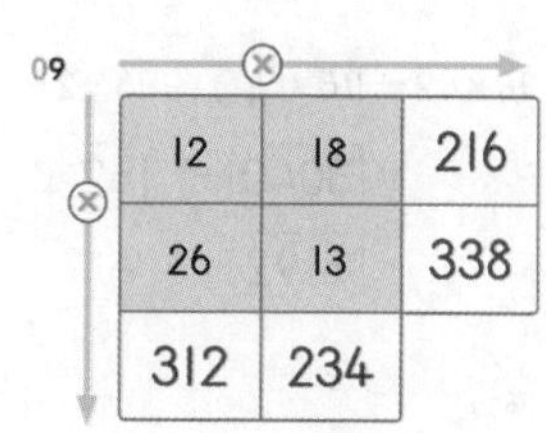

10

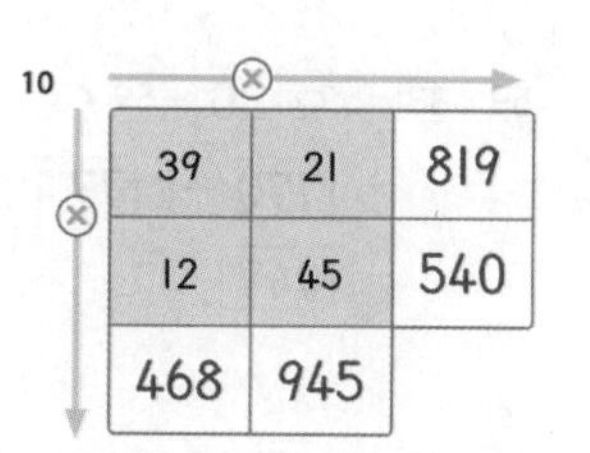

11

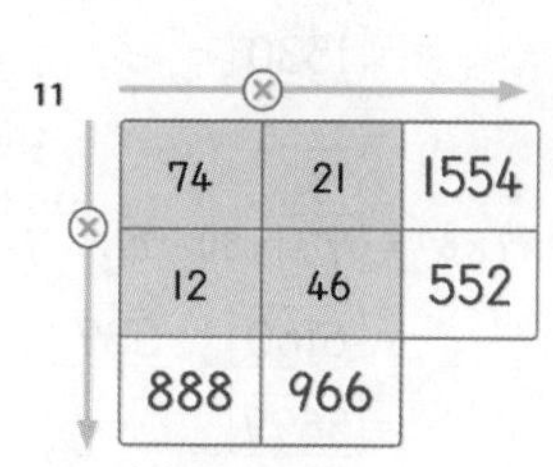

12

49	12	588
21	72	1512
1029	864	

8 (두 자리 수)×(두 자리 수) (3)

원리가 쏙쏙 적용이 척척 풀이가 술술 실력이 쑥쑥

올림이 여러 번 있는 (몇십몇)×(몇십몇)을 순서에 따라 계산해 보세요.

01 (몇십몇)×(몇십몇)

26×51: 26 → (3) 26, 1300 → 26, 1300, 1326

42×74: 168 → (1) 168, 2940 → 168, 2940, 3108

$42 \times 74 = 42 \times 70 + 42 \times \boxed{4}$

$= \boxed{2940} + \boxed{168}$

$= \boxed{3108}$

원리가 쏙쏙 적용이 척척 풀이가 술술 실력이 쑥쑥

올림이 여러 번 있는 (몇십몇)×(몇십몇)을 가로셈으로 해 보세요.

01
$24 \times 57 = 24 \times 50 + 24 \times \boxed{7} = \boxed{1200} + \boxed{168} = \boxed{1368}$

02
$34 \times 64 = 34 \times 60 + 34 \times \boxed{4} = \boxed{2040} + \boxed{136} = \boxed{2176}$

03
$59 \times 33 = 59 \times \boxed{30} + 59 \times 3 = \boxed{1770} + \boxed{177} = \boxed{1947}$

04
$76 \times 42 = 76 \times \boxed{40} + 76 \times 2 = \boxed{3040} + \boxed{152} = \boxed{3192}$

05
$86 \times 36 = \boxed{86} \times 30 + 86 \times 6 = \boxed{2580} + \boxed{516} = \boxed{3096}$

06
$45 \times 34 = \boxed{45} \times 30 + 45 \times 4 = \boxed{1350} + \boxed{180} = \boxed{1530}$

07
$65 \times 84 = \boxed{65} \times 80 + 65 \times \boxed{4} = \boxed{5200} + \boxed{260} = \boxed{5460}$

08
$77 \times 87 = \boxed{77} \times 80 + 77 \times \boxed{7} = \boxed{6160} + \boxed{539} = \boxed{6699}$

올림이 여러 번 있는 (몇십몇)×(몇십몇)을 일의 자리 수의 곱부터 순서대로 계산해 보세요.

01 44×38: 352, 1320, 1672

02 28×63: 84, 1680, 1764

03 76×24: 304, 1520, 1824

04 51×64: 204, 3060, 3264

05 84×52: 168, 4200, 4368

06 92×43: 276, 3680, 3956

07 63×34: 252, 1890, 2142

08 44×93: 132, 3960, 4092

09 73×82: 146, 5840, 5986

p.078~079

원리가 쏙쏙 | 적용이 척척 | **풀이가 술술** | 실력이 쑥쑥

올림이 여러 번 있는 (몇십몇)×(몇십몇)을 세로셈으로 계산해 보세요.

01 $54 \times 39 = 2106$

02 $61 \times 65 = 3965$

03 $12 \times 97 = 1164$

04 $41 \times 69 = 2829$

05 $19 \times 55 = 1045$

06 $23 \times 48 = 1104$

07 $63 \times 24 = 1512$

08 $48 \times 49 = 2352$

09 $53 \times 62 = 3286$

10 $89 \times 46 = 4094$

11 $69 \times 74 = 5106$

12 $36 \times 34 = 1224$

13 $23 \times 96 = 2208$

14 $52 \times 77 = 4004$

15 $76 \times 53 = 4028$

16 $47 \times 86 = 4042$

17 $46 \times 53 = 2438$

18 $83 \times 62 = 5146$

19 $58 \times 87 = 5046$

20 $38 \times 99 = 3762$

21 $97 \times 35 = 3395$

22 $59 \times 73 = 4307$

23 $98 \times 57 = 5586$

24 $75 \times 85 = 6375$

25 $38 \times 88 = 3344$

26 $62 \times 76 = 4712$

27 $37 \times 89 = 3293$

p.080~081

원리가 쏙쏙 | 적용이 척척 | 풀이가 술술 | **실력이 쑥쑥**

곱셈을 하며 알맞은 길을 따라 선을 연결해 보세요.

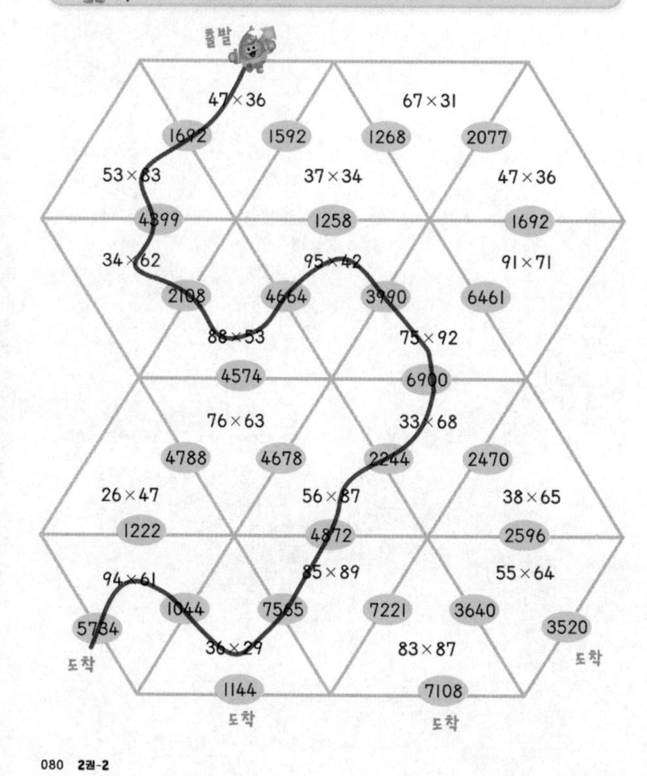

가로 열쇠와 세로 열쇠를 보고 수 퍼즐을 완성해 보세요.

	㉠1				㉡4			
	9		②3	9	1	5		㉢1
	9				3			5
①2	5	7	6		③6	㉣5	8	6
				㉥6		9		6
	㉤9			9		1		
	④5	0	0	5		7		
	2			6				

가로 열쇠

① 28×92

② 45×87

③ 74×89

④ 65×77

세로 열쇠

㉠ 35×57

㉡ 88×47

㉢ 54×29

㉣ 61×97

㉤ 28×34

㉥ 94×74

p.082~083

6~8 연산의 활용

2에서 배운 연산으로 해결해 봐요!

수 만들기

▶ 수 카드를 이용하여 주어진 조건을 만족하는 수를 만들어 보세요.

01 수 카드: 4, 6, 5, 3

$63 \times 54 = 3402$ (가장 큰 값)

64×53, 63×54 (두 곱을 모두 구해서 비교해 보세요.)

02 수 카드: 7, 5, 8, 4

$47 \times 58 = 2726$ (가장 작은 값)

47×58, 48×57 (두 곱을 모두 구해서 비교해 보세요.)

03 수 카드: 6, 3, 2, 8

$82 \times 63 = 5166$ (가장 큰 값)

$26 \times 38 = 988$ (가장 작은 값)

빈칸 추론

▶ □ 안에 알맞은 수를 써넣어 보세요. 같은 색 테두리 네모 칸에는 같은 수가 들어가요.

01 53×23: 159, 1060, 1219

02 31×69: 279, 1860, 2139

03 72×64: 288, 4320, 4608

04 55×71: 55, 3850, 3905

05 94×82: 188, 7520, 7708

06 88×76: 528, 6160, 6688

p.084

문장제

▶ 이야기들 속에 주어진 조건을 생각하며 식을 세우고 답을 구해 보세요.

01 보건소에서 하루에 60명씩 예방 접종을 하고 있습니다. 27일 동안 예방 접종을 한다면 모두 몇 명에게 할 수 있습니까?

식 $60 \times 27 = 1620$ 답 1620 명

02 선물 상자 한 개를 포장하는 데 리본 41cm가 필요하다면, 상자 32개를 포장하는 데 필요한 리본은 몇 cm입니까?

식 $41 \times 32 = 1312$ 답 1312 cm

03 한 대에 38명까지 탈 수 있는 버스가 54대 있다면 최대 몇 명이 버스에 탈 수 있습니까?

식 $38 \times 54 = 2052$ 답 2052명

04 공연장에 의자가 한 줄에 83개씩 76줄 놓여 있습니다. 공연장에 있는 의자는 모두 몇 개입니까?

식 $83 \times 76 = 6308$ 답 6308개

p.089

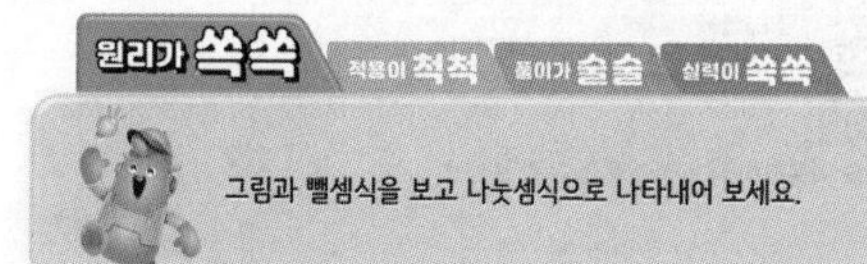

그림과 뺄셈식을 보고 나눗셈식으로 나타내어 보세요.

01 그림을 보고 나눗셈식으로 나타내기

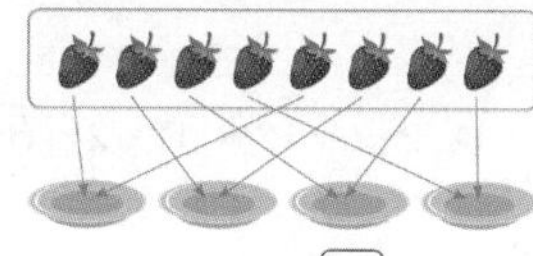

$8 \div 4 = 2$

$15 \div 3 = 5$

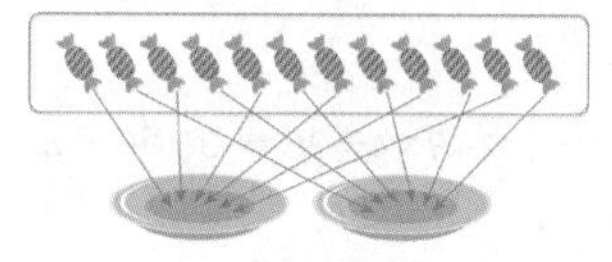

$12 \div 2 = 6$

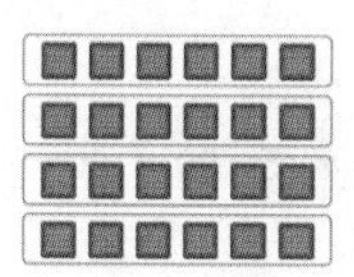

$24 \div 6 = 4$

02 뺄셈식을 보고 나눗셈식으로 나타내기

$20-5-5-5-5=0$
➡ $20 \div 5 = 4$

$16-8-8=0$
➡ $16 \div 8 = 2$

$21-7-7-7=0$
➡ $21 \div 7 = 3$

$30-6-6-6-6-6=0$
➡ $30 \div 6 = 5$

p.090~091

원리가 쏙쏙 적용이 척척 풀이가 술술 실력이 쑥쑥

곱셈식을 나눗셈식 2개로 나타내어 보세요.

01 $4 \times 2 = 8$
- $8 \div 2 = 4$
- $8 \div 4 = 2$

02 $5 \times 3 = 15$
- $15 \div 3 = 5$
- $15 \div 5 = 3$

03 $4 \times 5 = 20$
- $20 \div 5 = 4$
- $20 \div 4 = 5$

04 $6 \times 3 = 18$
- $18 \div 3 = 6$
- $18 \div 6 = 3$

05 $9 \times 3 = 27$
- $27 \div 3 = 9$
- $27 \div 9 = 3$

06 $7 \times 8 = 56$
- $56 \div 8 = 7$
- $56 \div 7 = 8$

07 $9 \times 6 = 54$
- $54 \div 6 = 9$
- $54 \div 9 = 6$

08 $8 \times 9 = 72$
- $72 \div 9 = 8$
- $72 \div 8 = 9$

나눗셈식을 곱셈식 2개로 나타내어 보세요.

01 $12 \div 4 = 3$
- $4 \times 3 = 12$
- $3 \times 4 = 12$

02 $20 \div 5 = 4$
- $5 \times 4 = 20$
- $4 \times 5 = 20$

03 $24 \div 3 = 8$
- $3 \times 8 = 24$
- $8 \times 3 = 24$

04 $40 \div 8 = 5$
- $8 \times 5 = 40$
- $5 \times 8 = 40$

05 $28 \div 7 = 4$
- $7 \times 4 = 28$
- $4 \times 7 = 28$

06 $63 \div 7 = 9$
- $7 \times 9 = 63$
- $9 \times 7 = 63$

07 $48 \div 6 = 8$
- $6 \times 8 = 48$
- $8 \times 6 = 48$

08 $72 \div 9 = 8$
- $9 \times 8 = 72$
- $8 \times 9 = 72$

p.092~093

원리가 쏙쏙 | 적용이 척척 | 풀이가 술술 | 실력이 쑥쑥

곱셈구구를 이용하여 나눗셈의 몫을 구해 보세요.

01 $3\times2=6$ ➡ $6\div2=$ 3

02 $2\times5=10$ ➡ $10\div5=$ 2

03 $3\times4=12$ ➡ $12\div4=$ 3

04 $4\times5=20$ ➡ $20\div5=$ 4

05 $8\times2=16$ ➡ $16\div2=$ 8

06 $6\times5=30$ ➡ $30\div5=$ 6

07 $7\times6=42$ ➡ $42\div6=$ 7

08 $9\times7=63$ ➡ $63\div7=$ 9

09 $6\times3=18$ ➡ $18\div6=$ 3

10 $2\times6=12$ ➡ $12\div2=$ 6

11 $3\times7=21$ ➡ $21\div3=$ 7

12 $9\times4=36$ ➡ $36\div9=$ 4

13 $5\times8=40$ ➡ $40\div5=$ 8

14 $8\times7=56$ ➡ $56\div8=$ 7

15 $6\times9=54$ ➡ $54\div6=$ 9

16 $9\times8=72$ ➡ $72\div9=$ 8

곱셈식의 빈칸을 채우고, 곱셈식을 이용하여 나눗셈의 몫을 구해 보세요.

01 2 $\times7=14$ ➡ $14\div7=$ 2

02 3 $\times5=15$ ➡ $15\div5=$ 3

03 4 $\times2=8$ ➡ $8\div2=$ 4

04 6 $\times4=24$ ➡ $24\div4=$ 6

05 5 $\times9=45$ ➡ $45\div9=$ 5

06 8 $\times2=16$ ➡ $16\div2=$ 8

07 9 $\times3=27$ ➡ $27\div3=$ 9

08 7 $\times5=35$ ➡ $35\div5=$ 7

09 6 $\times9=54$ ➡ $54\div9=$ 6

10 $3\times$ 4 $=12$ ➡ $12\div3=$ 4

11 $6\times$ 3 $=18$ ➡ $18\div6=$ 3

12 $8\times$ 6 $=48$ ➡ $48\div8=$ 6

13 $4\times$ 8 $=32$ ➡ $32\div4=$ 8

14 $8\times$ 5 $=40$ ➡ $40\div8=$ 5

15 $5\times$ 7 $=35$ ➡ $35\div5=$ 7

16 $9\times$ 4 $=36$ ➡ $36\div9=$ 4

17 $7\times$ 9 $=63$ ➡ $63\div7=$ 9

18 $9\times$ 8 $=72$ ➡ $72\div9=$ 8

p.094~095

원리가 쏙쏙 | 적용이 척척 | 풀이가 술술 | 실력이 쑥쑥

곱셈과 나눗셈을 하여 빈칸에 알맞은 수를 써넣으세요.

01

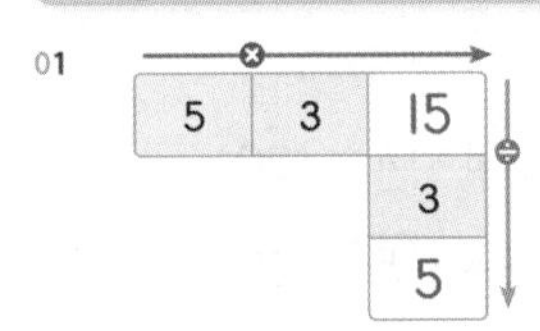

02

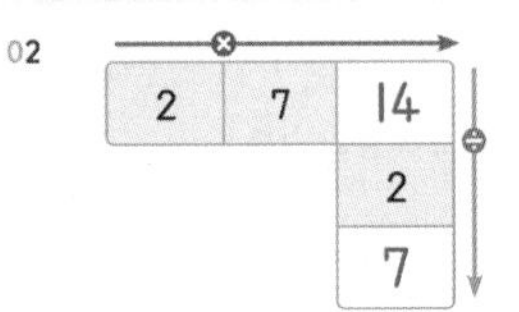

03

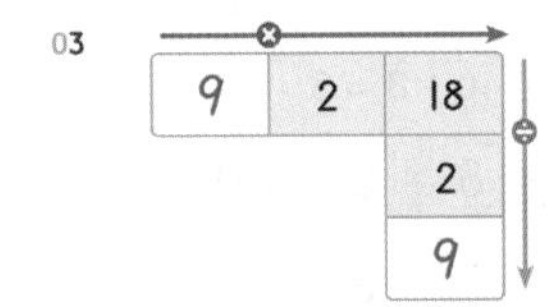

04

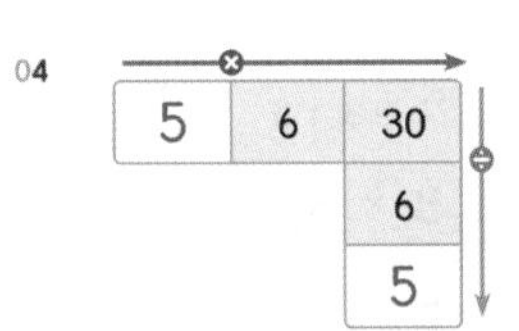

05

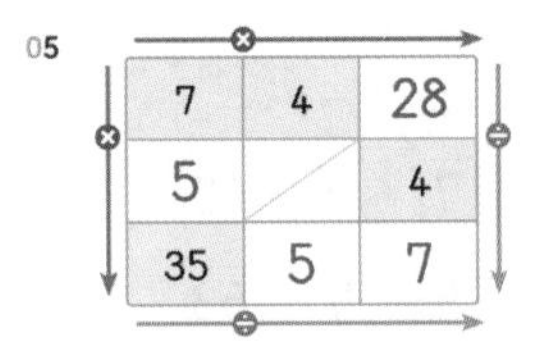

06

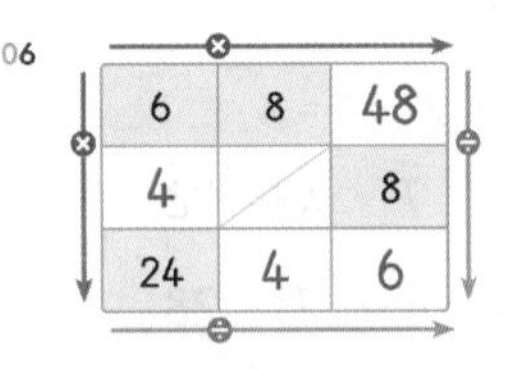

07

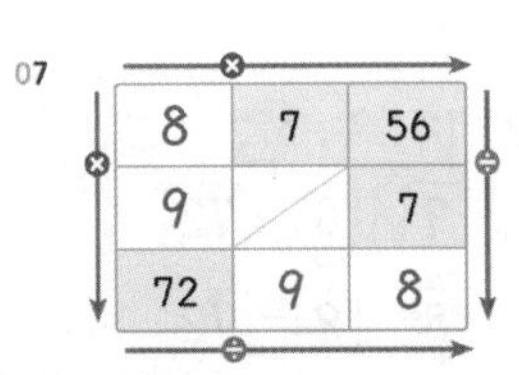

08

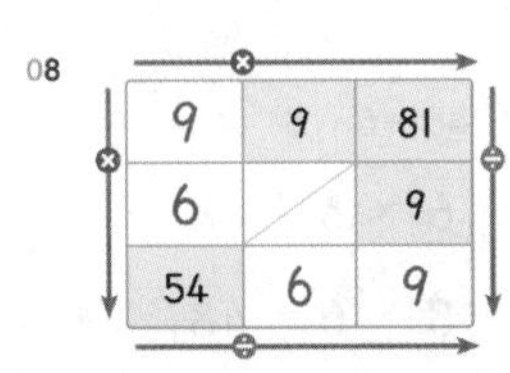

몫의 크기를 비교하여 ◯ 안에 >, =, <를 알맞게 써넣어 보세요.

01 $9\div3$ (>) $12\div6$ — 3, 2

02

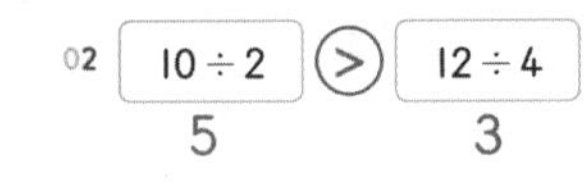

5, 3

03 $36\div6$ (=) $42\div7$ — 6, 6

04

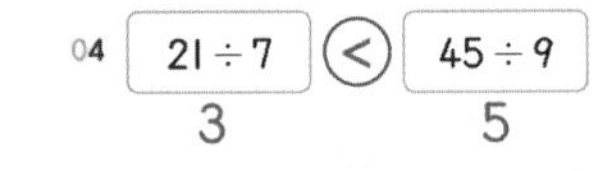

3, 5

05 $24\div4$ (=) $18\div3$ — 6, 6

06

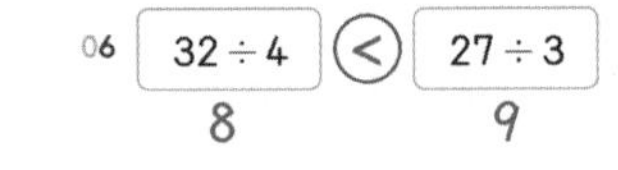

8, 9

07 $48\div8$ (<) $42\div6$ — 6, 7

08

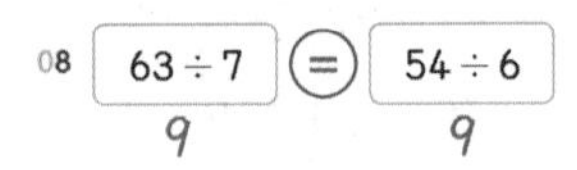

9, 9

09 $40\div5$ (>) $48\div8$ — 8, 6

10 $30\div5$ (>) $28\div7$ — 6, 4

11 $56\div7$ (=) $72\div9$ — 8, 8

12 $64\div8$ (<) $81\div9$ — 8, 9

p.097

(두 자리 수)÷(한 자리 수) (1)

원리가 쏙쏙 적용이 척척 풀이가 술술 실력이 쑥쑥

(몇십)÷(몇)을 계산하는 원리에 맞추어 빈칸을 채워 보세요.

01 내림이 없는 (몇십)÷(몇)

$5 \div 5 = 1$ → 10배 → $50 \div 5 = 10$ (10배)

$6 \div 2 = 3$ → 10배 → $60 \div 2 = 30$ (10배)

$4 \div 4 = 1$ → 10배 → $40 \div 4 = 10$ (10배, 10배)

$8 \div 2 = 4$ → 10배 → $80 \div 2 = 40$ (10배, 10배)

02 내림이 있는 (몇십)÷(몇)

$30 \div 2 = 15$: 2 0 ← 2×10, 3−2 → 1 0, 1 0, 0

$60 \div 4 = 15$: 4, 2 0, 2 0, 0

p.098~099

원리가 쏙쏙 적용이 척척 풀이가 술술 실력이 쑥쑥

10배를 이용하여 나눗셈을 해 보세요.

01 $2 \div 2 = 1$, 10배, $20 \div 2 = 10$

02 $4 \div 2 = 2$, 10배, $40 \div 2 = 20$

03 $3 \div 3 = 1$, $30 \div 3 = 10$

04 $5 \div 5 = 1$, $50 \div 5 = 10$

05 $6 \div 2 = 3$, $60 \div 2 = 30$

06 $4 \div 4 = 1$, $40 \div 4 = 10$

07 $8 \div 4 = 2$, $80 \div 4 = 20$

08 $9 \div 3 = 3$, $90 \div 3 = 30$

09 $7 \div 7 = 1$, $70 \div 7 = 10$

10 $8 \div 2 = 4$, $80 \div 2 = 40$

(몇십)÷(몇)을 하여 빈칸을 채워 보세요.

01 $10 \div 2 = 5$: 1 0, 0

02 $20 \div 4 = 5$: 2 0, 0

03 $30 \div 5 = 6$: 3 0, 0

04 $30 \div 2 = 15$: 2, 1 0, 1 0, 0

05 $60 \div 4 = 15$: 4, 2 0, 2 0, 0

06 $50 \div 2 = 25$: 4, 1 0, 1 0, 0

07 $70 \div 2 = 35$: 6, 1 0, 1 0, 0

08 $60 \div 5 = 12$: 5, 1 0, 1 0, 0

09 $70 \div 5 = 14$: 5, 2 0, 2 0, 0

p.100~101

원리가 쏙쏙 | 적용이 척척 | **풀이가 술술** | 실력이 쑥쑥

(몇십) ÷ (몇)을 세로셈으로 해 보세요.

01 30 ÷ 3 = 10

	1	0
3)	3	0
	3	0
		0

02 50 ÷ 5 = 10

	1	0
5)	5	0
	5	0
		0

03 40 ÷ 4 = 10

	1	0
4)	4	0
	4	0
		0

04 60 ÷ 2 = 30

	3	0
2)	6	0
	6	0
		0

05 80 ÷ 4 = 20

	2	0
4)	8	0
	8	0
		0

06 40 ÷ 8 = 5

		5
8)	4	0
	4	0
		0

07 30 ÷ 2 = 15

	1	5
2)	3	0
	2	
	1	0
	1	0
		0

08 60 ÷ 5 = 12

	1	2
5)	6	0
	5	
	1	0
	1	0
		0

09 70 ÷ 2 = 35

	3	5
2)	7	0
	6	
	1	0
	1	0
		0

10 60 ÷ 4 = 15

	1	5
4)	6	0
	4	
	2	0
	2	0
		0

11 80 ÷ 5 = 16

	1	6
5)	8	0
	5	
	3	0
	3	0
		0

12 90 ÷ 2 = 45

	4	5
2)	9	0
	8	
	1	0
	1	0
		0

13 90 ÷ 3 = 30

	3	0
3)	9	0
	9	0
		0

14 60 ÷ 3 = 20

	2	0
3)	6	0
	6	0
		0

15 80 ÷ 2 = 40

	4	0
2)	8	0
	8	0
		0

16 90 ÷ 5 = 18

	1	8
5)	9	0
	5	
	4	0
	4	0
		0

17 70 ÷ 5 = 14

	1	4
5)	7	0
	5	
	2	0
	2	0
		0

18 90 ÷ 6 = 15

	1	5
6)	9	0
	6	
	3	0
	3	0
		0

p.102~103

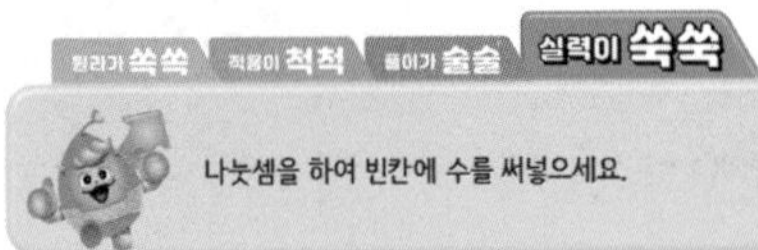

원리가 쏙쏙 | 적용이 척척 | 풀이가 술술 | **실력이 쑥쑥**

나눗셈을 하여 빈칸에 수를 써넣으세요.

01 ÷ 2

40	20
60	30

02 ÷ 5

20	4
40	8

03 ÷ 2

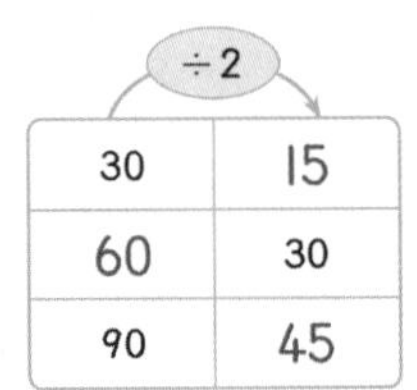

30	15
60	30
90	45

04 ÷ 5

60	12
50	10
80	16

05 ÷ 5

50	10
70	14
90	18

06 ÷ 4

40	10
80	20
60	15

몫이 같은 나눗셈을 ◯로 묶어 보세요.

01

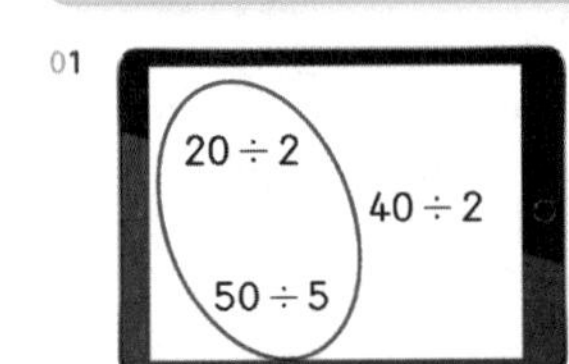

02

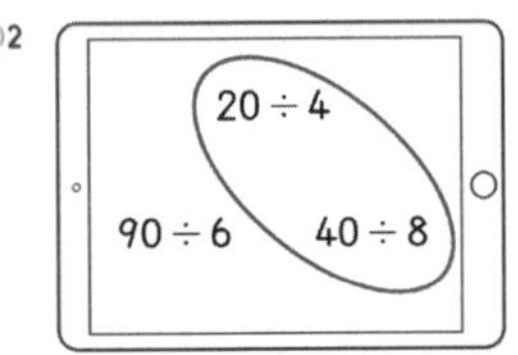

03

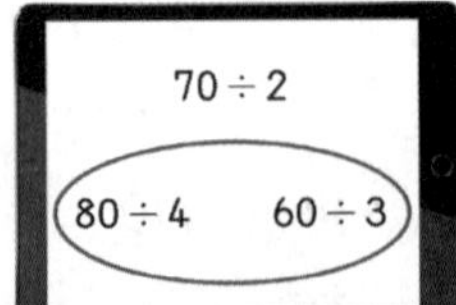

04

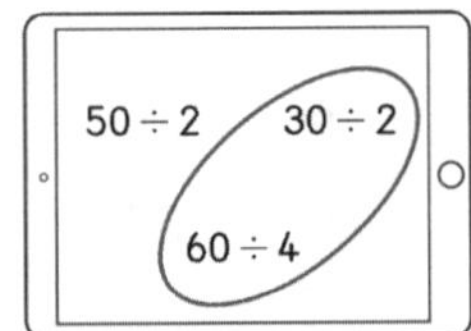

05

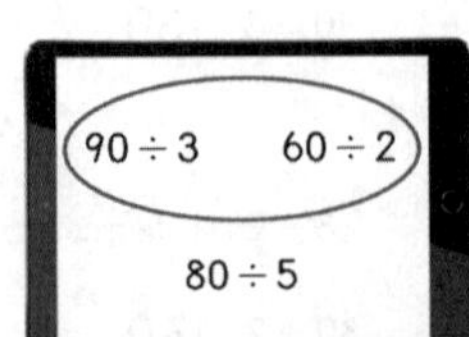

06

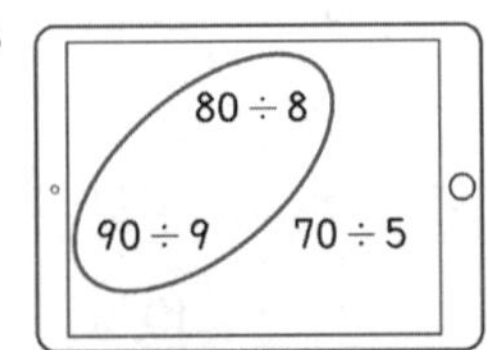

11

(두 자리 수)÷(한 자리 수) (2)

p.105

원리가 쏙쏙 | 적용이 척척 | 풀이가 술술 | 실력이 쑥쑥

나머지가 없는 (몇십몇)÷(몇)을 계산하는 원리에 맞추어 빈칸을 채워 보세요.

01 내림이 없고 나머지가 없는 (몇십몇)÷(몇)

```
      1 [2]
  3 ) 3  6
      3  0 ← 3×[10]
      ------
         6
         6 ← 3×[2]
      ------
         0
```

```
     [2][3]
  2 ) 4  6
      4
      ------
         6
        [6]
      ------
        [0]
```

02 내림이 있고 나머지가 없는 (몇십몇)÷(몇)

```
              1 [6]
          4 ) 6  4
              4  0 ← 4×[10]
[6]−[4] ──→ (2) 4
              2  4
              ------
                 0
```

```
     [2][5]
  3 ) 7  5
     [6]
      ------
      1  5
     [1][5]
      ------
        [0]
```


p.106~107

원리가 쏙쏙 | 적용이 척척 | 풀이가 술술 | 실력이 쑥쑥

내림이 없고 나머지가 없는 (몇십몇)÷(몇)을 자리에 맞추어 해 보세요.

01 62÷2=31

	3	1
2	)6	2
	6	
		2
		2
		0

02 39÷3=13

	1	3
3	)3	9
	3	
		9
		9
		0

03 84÷4=21

	2	1
4	)8	4
	8	
		4
		4
		0

04 86÷2=43

	4	3
2	)8	6
	8	
		6
		6
		0

05 93÷3=31

	3	1
3	)9	3
	9	
		3
		3
		0

06 68÷2=34

	3	4
2	)6	8
	6	
		8
		8
		0

내림이 있고, 나머지가 없는 (몇십몇)÷(몇)을 자리에 맞추어 해 보세요.

01 48÷3=16

	1	6
3	)4	8
	3	
	1	8
	1	8
		0

02 68÷4=17

	1	7
4	)6	8
	4	
	2	8
	2	8
		0

03 76÷2=38

	3	8
2	)7	6
	6	
	1	6
	1	6
		0

04 85÷5=17

	1	7
5	)8	5
	5	
	3	5
	3	5
		0

05 78÷6=13

	1	3
6	)7	8
	6	
	1	8
	1	8
		0

06 96÷8=12

	1	2
8	)9	6
	8	
	1	6
	1	6
		0

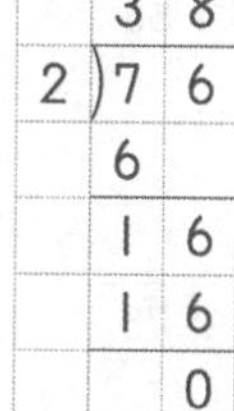

p.108~109

원리가 쏙쏙 | 적용이 척척 | **풀이가 술술** | 실력이 쑥쑥

나머지가 없는 (몇십몇)÷(몇)을 세로셈으로 해 보세요.

01 $\begin{array}{r}34\\2\overline{)68}\end{array}$ 02 $\begin{array}{r}19\\3\overline{)57}\end{array}$ 03 $\begin{array}{r}11\\7\overline{)77}\end{array}$

04 $\begin{array}{r}15\\3\overline{)45}\end{array}$ 05 $\begin{array}{r}39\\2\overline{)78}\end{array}$ 06 $\begin{array}{r}17\\3\overline{)51}\end{array}$

07 $\begin{array}{r}38\\2\overline{)76}\end{array}$ 08 $\begin{array}{r}13\\3\overline{)39}\end{array}$ 09 $\begin{array}{r}21\\4\overline{)84}\end{array}$

10 $\begin{array}{r}28\\2\overline{)56}\end{array}$ 11 $\begin{array}{r}13\\6\overline{)78}\end{array}$ 12 $\begin{array}{r}17\\2\overline{)34}\end{array}$

13 $\begin{array}{r}47\\2\overline{)94}\end{array}$ 14 $\begin{array}{r}24\\4\overline{)96}\end{array}$ 15 $\begin{array}{r}14\\6\overline{)84}\end{array}$

16 $\begin{array}{r}29\\2\overline{)58}\end{array}$ 17 $\begin{array}{r}18\\4\overline{)72}\end{array}$ 18 $\begin{array}{r}13\\7\overline{)91}\end{array}$

19 $\begin{array}{r}19\\5\overline{)95}\end{array}$ 20 $\begin{array}{r}22\\3\overline{)66}\end{array}$ 21 $\begin{array}{r}28\\3\overline{)84}\end{array}$

22 $\begin{array}{r}13\\4\overline{)52}\end{array}$ 23 $\begin{array}{r}37\\2\overline{)74}\end{array}$ 24 $\begin{array}{r}14\\7\overline{)98}\end{array}$

25 $\begin{array}{r}17\\4\overline{)68}\end{array}$ 26 $\begin{array}{r}17\\5\overline{)85}\end{array}$ 27 $\begin{array}{r}23\\3\overline{)69}\end{array}$

28 $\begin{array}{r}27\\3\overline{)81}\end{array}$ 29 $\begin{array}{r}13\\5\overline{)65}\end{array}$ 30 $\begin{array}{r}27\\2\overline{)54}\end{array}$

31 $\begin{array}{r}29\\3\overline{)87}\end{array}$ 32 $\begin{array}{r}23\\4\overline{)92}\end{array}$ 33 $\begin{array}{r}12\\8\overline{)96}\end{array}$

p.110~111

원리가 쏙쏙 | 적용이 척척 | 풀이가 술술 | **실력이 쑥쑥**

나눗셈을 하여 빈칸에 알맞은 수를 써넣으세요.

01
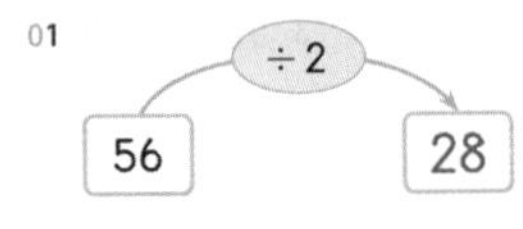

02
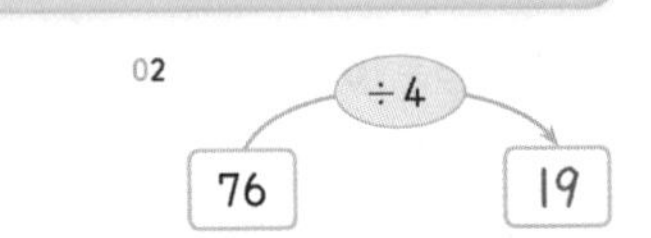

03
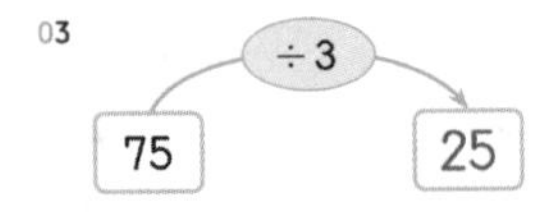

04
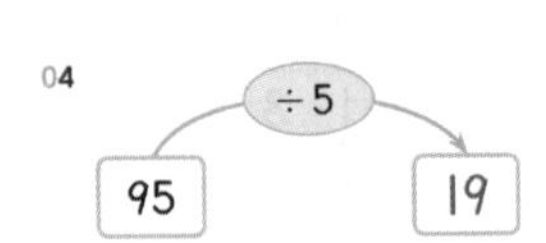

05
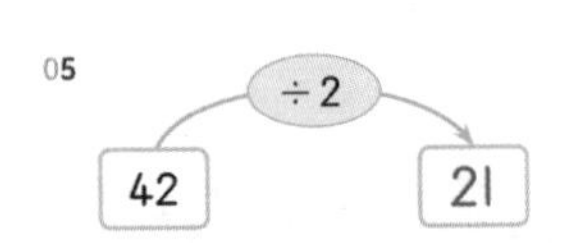

06
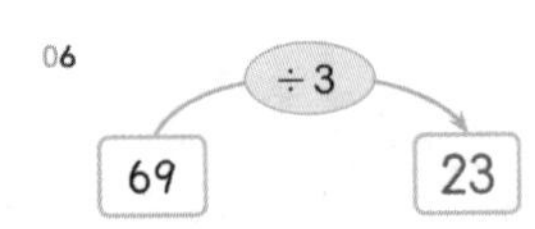

07
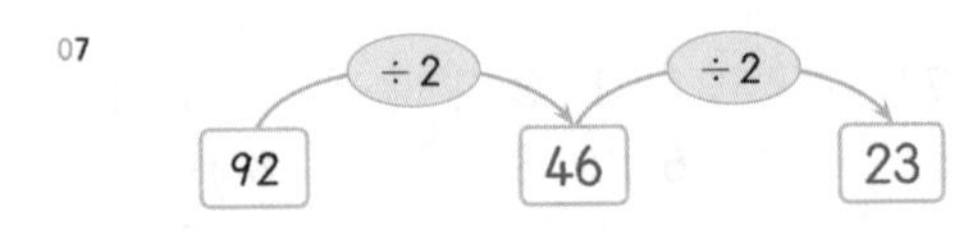

08
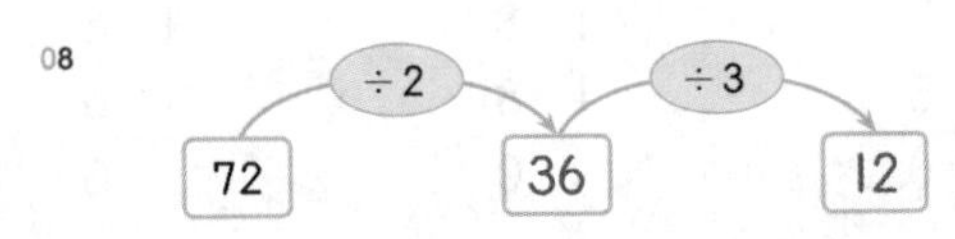

주어진 수 카드 중 두 장을 사용하여 나눗셈식을 만들어 보세요.

01 [6] [2] [1]
[2][6] ÷ 2 = 13

02 [5] [6] [4]
[4][5] ÷ 3 = 15

03 [6] [7] [8]
[6][8] ÷ 4 = 17

04 [1] [5] [3]
[5][1] ÷ 3 = 17

05 [8] [4] [2]
[8]6 ÷ [2] = 43

06 [3] [7] [9]
[7]8 ÷ [3] = 26

07 [5] [9] [6] [4]
[9]6 ÷ [4] = 24

08 [8] [2] [3] [7]
[7]4 ÷ [2] = 37

p.113

(두 자리 수)÷(한 자리 수) (3)

원리가 쏙쏙 | 적용이 척척 | 풀이가 술술 | 실력이 쑥쑥

나머지가 있는 (몇십몇)÷(몇)을 계산하는 원리에 맞추어 빈칸을 채워 보세요.

01 내림이 없고 나머지가 있는 (몇십몇)÷(몇)

	7
6)4	7
4	2 ← 6×7
	5

$47 \div 6 = 7 \cdots 5$

	8
9)7	5
7	2
	3

$75 \div 9 = 8 \cdots 3$

02 내림이 있고 나머지가 있는 (몇십몇)÷(몇)

	2	8
	2)5	7
	4	0 ← 2×20
5−4 →	1	7
	1	6
		1

$57 \div 2 = 28 \cdots 1$

1	3
5)6	9
5	
1	9
1	5
	4

$69 \div 5 = 13 \cdots 4$

p.114~115

원리가 쏙쏙 | 적용이 척척 | 풀이가 술술 | 실력이 쑥쑥

내림이 없고 나머지가 있는 (몇십몇)÷(몇)을 자리에 맞추어 해 보세요.

01 $23 \div 4 = 5 \cdots 3$

		5
4	)2	3
	2	
		3

02 $35 \div 8 = 4 \cdots 3$

		4
8	)3	5
	3	2
		3

03 $49 \div 9 = 5 \cdots 4$

		5
9	)4	9
	4	5
		4

04 $53 \div 6 = 8 \cdots 5$

		8
6	)5	3
	4	8
		5

05 $47 \div 7 = 6 \cdots 5$

		6
7	)4	7
	4	2
		5

06 $73 \div 9 = 8 \cdots 1$

		8
9	)7	3
	7	2
		1

07 $34 \div 3 = 11 \cdots 1$

	1	1
3	)3	4
	3	
		4
		3
		1

08 $65 \div 3 = 21 \cdots 2$

	2	1
3	)6	5
	6	
		5
		3
		2

내림이 있고 나머지가 있는 (몇십몇)÷(몇)을 자리에 맞추어 해 보세요.

01 $49 \div 3 = 16 \cdots 1$

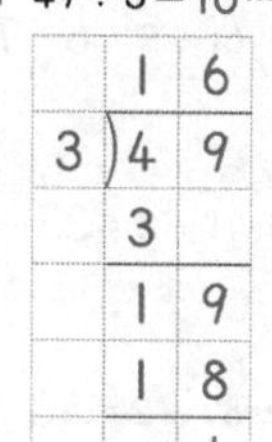

	1	6
3	)4	9
	3	
	1	9
	1	8
		1

02 $67 \div 5 = 13 \cdots 2$

	1	3
5	)6	7
	5	
	1	7
	1	5
		2

03 $55 \div 2 = 27 \cdots 1$

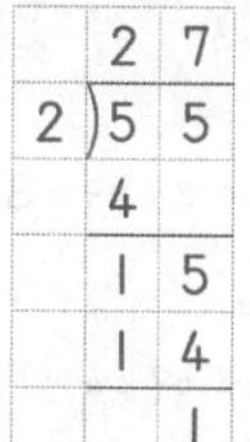

	2	7
2	)5	5
	4	
	1	5
	1	4
		1

04 $82 \div 6 = 13 \cdots 4$

	1	3
6	)8	2
	6	
	2	2
	1	8
		4

05 $73 \div 4 = 18 \cdots 1$

	1	8
4	)7	3
	4	
	3	3
	3	2
		1

06 $99 \div 8 = 12 \cdots 3$

	1	2
8	)9	9
	8	
	1	9
	1	6
		3

p.116~117

원리가 쏙쏙 | 적용이 척척 | 풀이가 술술 | 실력이 쑥쑥

나머지가 있는 (몇십몇)÷(몇)을 세로셈으로 해 보세요.

(몫, 나머지)

01 4) 15 → 3 ⋯ 3
02 9) 31 → 3 ⋯ 4
03 7) 64 → 9 ⋯ 1
04 8) 49 → 6 ⋯ 1
05 5) 58 → 11 ⋯ 3
06 8) 74 → 9 ⋯ 2
07 4) 87 → 21 ⋯ 3
08 9) 68 → 7 ⋯ 5
09 6) 33 → 5 ⋯ 3
10 4) 62 → 15 ⋯ 2
11 2) 51 → 25 ⋯ 1
12 6) 86 → 14 ⋯ 2
13 3) 76 → 25 ⋯ 1
14 8) 93 → 11 ⋯ 5
15 4) 91 → 22 ⋯ 3

16 6) 29 → 4 ⋯ 5
17 4) 66 → 16 ⋯ 2
18 2) 57 → 28 ⋯ 1
19 9) 82 → 9 ⋯ 1
20 7) 79 → 11 ⋯ 2
21 3) 32 → 10 ⋯ 2
22 5) 81 → 16 ⋯ 1
23 6) 98 → 16 ⋯ 2
24 5) 89 → 17 ⋯ 4
25 2) 91 → 45 ⋯ 1
26 2) 53 → 26 ⋯ 1
27 3) 74 → 24 ⋯ 2
28 4) 69 → 17 ⋯ 1
29 6) 83 → 13 ⋯ 5
30 3) 46 → 15 ⋯ 1
31 7) 99 → 14 ⋯ 1
32 7) 97 → 13 ⋯ 6
33 5) 74 → 14 ⋯ 4

p.118~119

나머지가 있는 (몇십몇)÷(몇)을 가로셈으로 해 보세요.

(몫, 나머지)

01 31÷5=6⋯1
02 27÷4=6⋯3
03 61÷9=6⋯7
04 35÷9=3⋯8
05 82÷4=20⋯2
06 71÷2=35⋯1
07 69÷4=17⋯1
08 33÷2=16⋯1
09 87÷2=43⋯1
10 53÷2=26⋯1
11 75÷4=18⋯3
12 69÷5=13⋯4
13 59÷4=14⋯3
14 87÷8=10⋯7
15 81÷7=11⋯4
16 61÷5=12⋯1
17 44÷3=14⋯2
18 47÷3=15⋯2
19 56÷3=18⋯2
20 94÷3=31⋯1
21 83÷3=27⋯2
22 76÷6=12⋯4
23 95÷7=13⋯4
24 86÷3=28⋯2

25 27÷2=13⋯1
26 65÷3=21⋯2
27 76÷5=15⋯1
28 57÷4=14⋯1
29 83÷5=16⋯3
30 61÷7=8⋯5
31 42÷5=8⋯2
32 38÷6=6⋯2
33 89÷4=22⋯1
34 17÷4=4⋯1
35 65÷4=16⋯1
36 86÷7=12⋯2
37 53÷3=17⋯2
38 77÷3=25⋯2
39 95÷8=11⋯7
40 71÷6=11⋯5
41 83÷8=10⋯3
42 97÷5=19⋯2
43 34÷7=4⋯6
44 74÷3=24⋯2
45 53÷4=13⋯1
46 67÷4=16⋯3
47 76÷6=12⋯4
48 91÷4=22⋯3
49 94÷9=10⋯4
50 89÷3=29⋯2
51 79÷2=39⋯1
52 85÷3=28⋯1
53 88÷6=14⋯4
54 93÷7=13⋯2

p.120~121

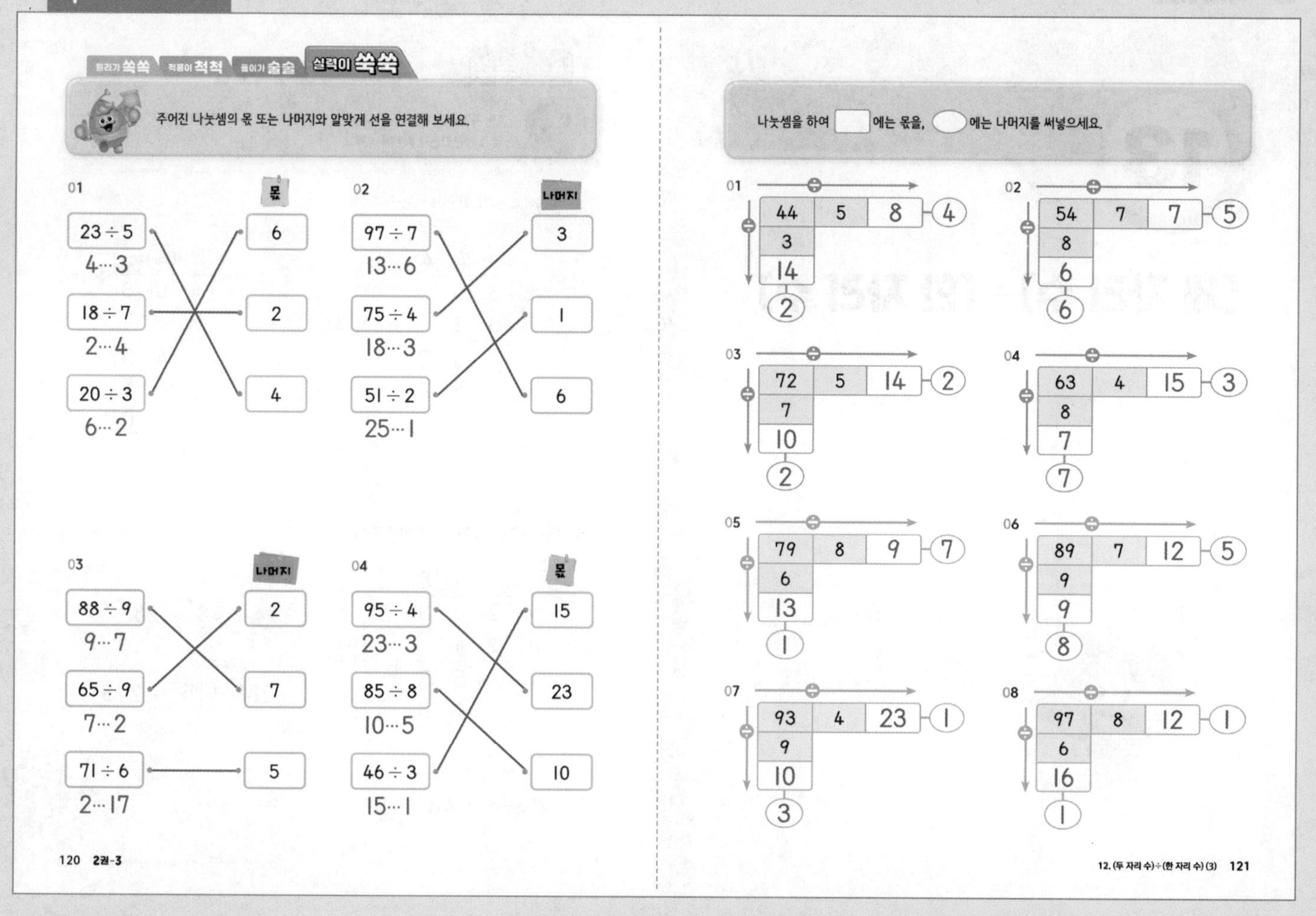

p.123

13 (세 자리 수)÷(한 자리 수)

원리가 쏙쏙 | 적용이 척척 | 풀이가 술술 | 실력이 쑥쑥

(세 자리 수)÷(한 자리 수)를 계산하는 원리에 맞추어 빈칸을 채우고, 맞게 계산했는지 확인해 보세요.

01 나머지가 없는 (세 자리 수)÷(한 자리 수)

		4	4
8)	3	5	2
	3	2	0 ← 8 × 40
		3	2
		3	2
			0

		4	5
9)	4	0	5
	3	6	
		4	5
		4	5
			0

02 나머지가 있는 (세 자리 수)÷(한 자리 수)

		4	8
6)	2	9	3
	2	4	
		5	3
		4	8
			5

확인하기 ➡

6 × 48 = 288

288 + 5 = 293

293 ÷ 6 = 48 ··· 5

p.124~125

원리가 쏙쏙 | 적용이 척척 | 풀이가 술술 | 실력이 쑥쑥

나머지가 없는 (세 자리 수)÷(한 자리 수)를 자리에 맞추어 해 보세요.

01 500 ÷ 5 = 100

	1	0	0
5)	5	0	0
	5		
			0

02 600 ÷ 2 = 300

	3	0	0
2)	6	0	0
	6		
			0

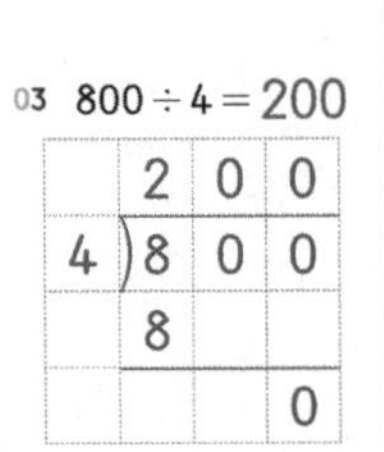

03 800 ÷ 4 = 200

	2	0	0
4)	8	0	0
	8		
			0

04 320 ÷ 2 = 160

	1	6	0
2)	3	2	0
	2		
	1	2	
	1	2	
			0

05 560 ÷ 4 = 140

	1	4	0
4)	5	6	0
	4		
	1	6	
	1	6	
			0

06 444 ÷ 3 = 148

	1	4	8
3)	4	4	4
	3		
	1	4	
	1	2	
		2	4
		2	4
			0

07 735 ÷ 5 = 147

	1	4	7
5)	7	3	5
	5		
	2	3	
	2	0	
		3	5
		3	5
			0

나머지가 있는 (세 자리 수)÷(한 자리 수)를 자리에 맞추어 해 보세요.

01 250 ÷ 3 = 83 ··· 1

		8	3
3)	2	5	0
	2	4	
		1	0
			9
			1

02 111 ÷ 2 = 55 ··· 1

		5	5
2)	1	1	1
	1	0	
		1	1
		1	0
			1

03 437 ÷ 3 = 145 ··· 2

	1	4	5
3)	4	3	7
	3		
	1	3	
	1	2	
		1	7
		1	5
			2

04 573 ÷ 2 = 286 ··· 1

	2	8	6
2)	5	7	3
	4		
	1	7	
	1	6	
		1	3
		1	2
			1

05 695 ÷ 4 = 173 ··· 3

	1	7	3
4)	6	9	5
	4		
	2	9	
	2	8	
		1	5
		1	2
			3

06 723 ÷ 5 = 144 ··· 3

	1	4	4
5)	7	2	3
	5		
	2	2	
	2	0	
		2	3
		2	0
			3

p.126~127

원리가 쏙쏙 적용이 척척 **풀이가 술술** 실력이 쑥쑥

(세 자리 수)÷(한 자리 수)를 세로셈으로 해 보세요.

01 $300 \div 2 = 150$
02 $135 \div 3 = 45$
03 $208 \div 4 = 52$
04 $241 \div 4 = 60 \cdots 1$
05 $458 \div 3 = 152 \cdots 2$
06 $523 \div 7 = 74 \cdots 5$
07 $770 \div 2 = 385$
08 $616 \div 7 = 88$
09 $825 \div 4 = 206 \cdots 1$
10 $928 \div 5 = 185 \cdots 3$
11 $375 \div 4 = 93 \cdots 3$
12 $684 \div 9 = 76$
13 $803 \div 3 = 267 \cdots 2$
14 $578 \div 3 = 192 \cdots 2$
15 $736 \div 8 = 92$

16 $600 \div 9 = 66 \cdots 6$
17 $959 \div 8 = 119 \cdots 7$
18 $402 \div 3 = 134$
19 $712 \div 2 = 356$
20 $289 \div 7 = 41 \cdots 2$
21 $839 \div 3 = 279 \cdots 2$
22 $904 \div 6 = 150 \cdots 4$
23 $522 \div 6 = 87$
24 $649 \div 7 = 92 \cdots 5$
25 $958 \div 3 = 319 \cdots 1$
26 $674 \div 8 = 84 \cdots 2$
27 $702 \div 2 = 351$
28 $868 \div 3 = 289 \cdots 1$
29 $777 \div 4 = 194 \cdots 1$
30 $961 \div 5 = 192 \cdots 1$
31 $872 \div 8 = 109$
32 $563 \div 4 = 140 \cdots 3$
33 $714 \div 6 = 119$

p.128~129

나눗셈을 하고 계산이 맞는지 확인해 보세요.

01

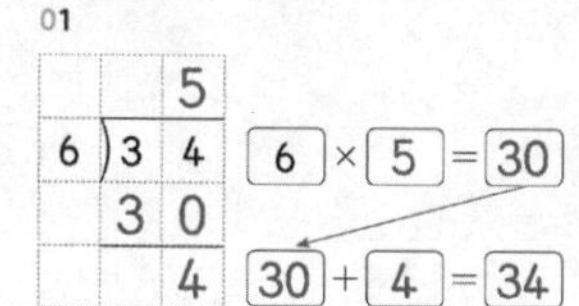

6 × 5 = 30
30 + 4 = 34 (나머지)

02

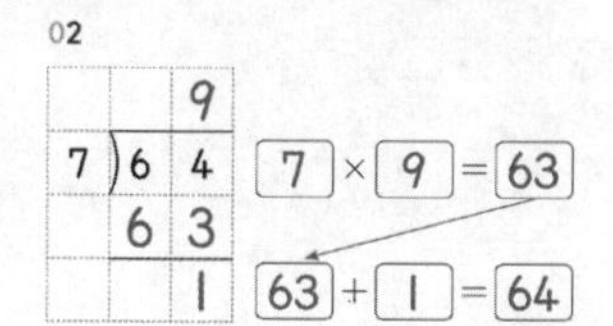

7 × 9 = 63
63 + 1 = 64 (나머지)

03

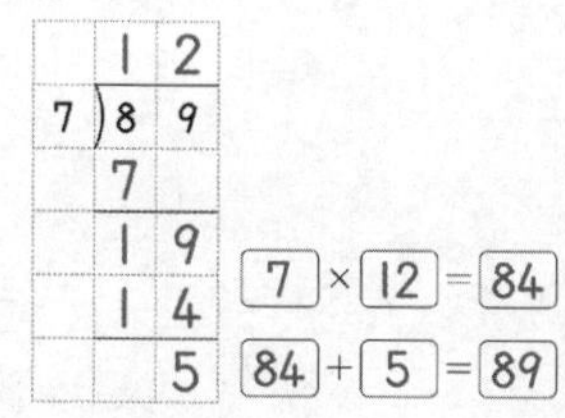

04 $119 \div 3 = 39 \cdots 2$

3 × 39 = 117
117 + 2 = 119

05

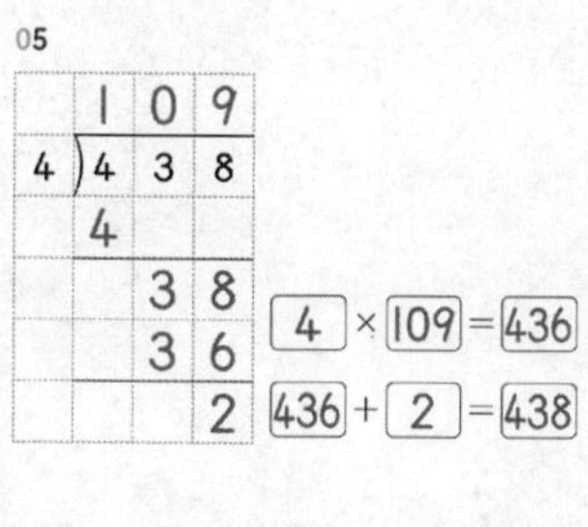

06 $395 \div 2 = 197 \cdots 1$

2 × 197 = 394
394 + 1 = 395

07 $63 \div 8 = 7 \cdots 7$
8 × 7 = 56
56 + 7 = 63

08 $78 \div 5 = 15 \cdots 3$
5 × 15 = 75
75 + 3 = 78

09 $637 \div 9 = 70 \cdots 7$
9 × 70 = 630
630 + 7 = 637

10 $502 \div 3 = 167 \cdots 1$
3 × 167 = 501
501 + 1 = 502

11 $362 \div 3 = 120 \cdots 2$
3 × 120 = 360
360 + 2 = 362

12 $922 \div 4 = 230 \cdots 2$
4 × 230 = 920
920 + 2 = 922

13 $74 \div 3 = 24 \cdots 2$
3 × 24 = 72
72 + 2 = 74

14 $89 \div 5 = 17 \cdots 4$
5 × 17 = 85
85 + 4 = 89

15 $856 \div 6 = 142 \cdots 4$
6 × 142 = 852
852 + 4 = 856

16 $718 \div 3 = 239 \cdots 1$
3 × 239 = 717
717 + 1 = 718

익히기 쑥쑥 | 적용이 척척 | 풀이가 술술 | 실력이 쑥쑥

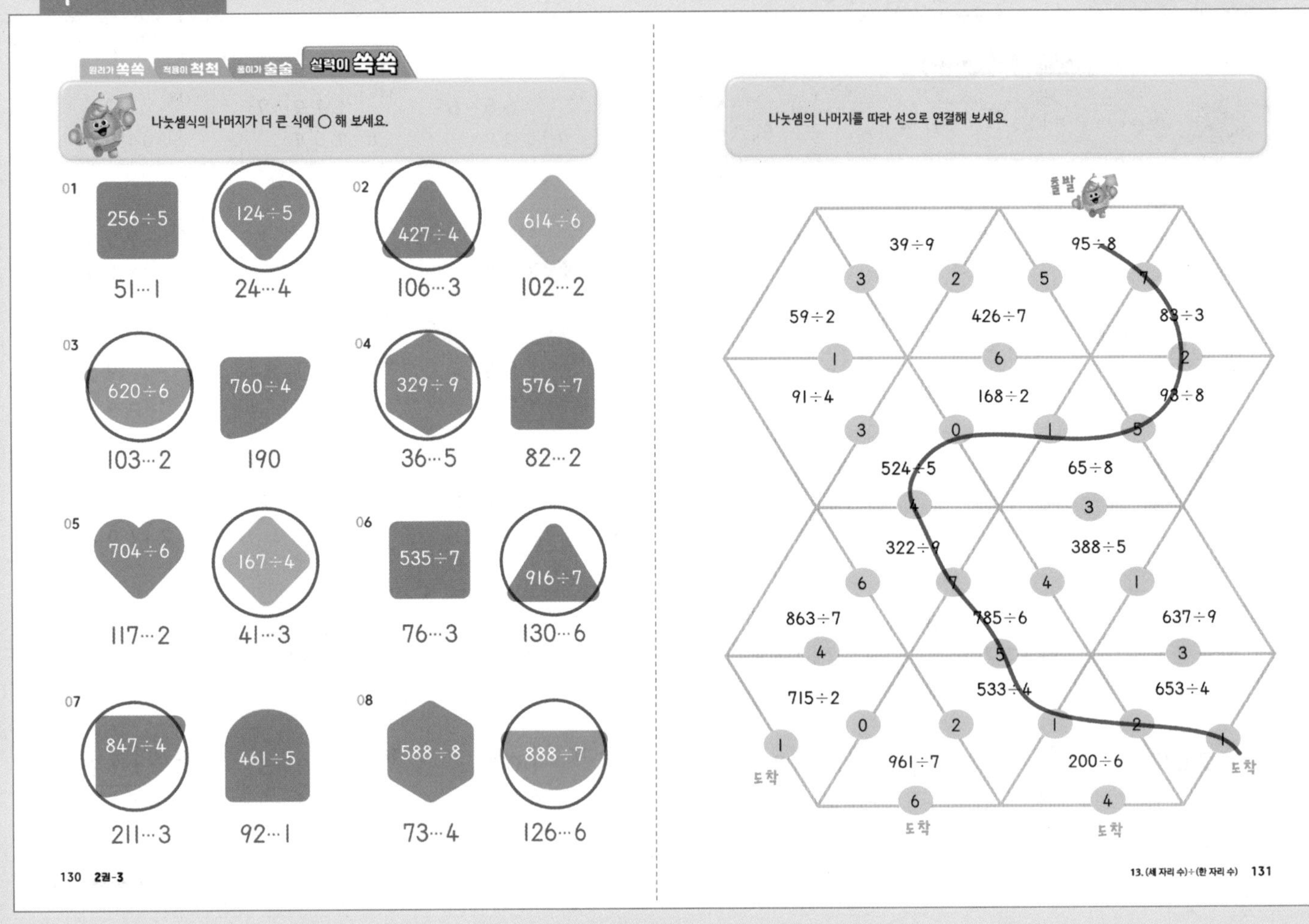

나눗셈식의 나머지가 더 큰 식에 ○ 해 보세요.

01 256÷5 51…1 / (124÷5) 24…4

02 (427÷4) 106…3 / 614÷6 102…2

03 (620÷6) 103…2 / 760÷4 190

04 (329÷9) 36…5 / 576÷7 82…2

05 704÷6 117…2 / (167÷4) 41…3

06 535÷7 76…3 / (916÷7) 130…6

07 (847÷4) 211…3 / 461÷5 92…1

08 588÷8 73…4 / (888÷7) 126…6

나눗셈의 나머지를 따라 선으로 연결해 보세요.

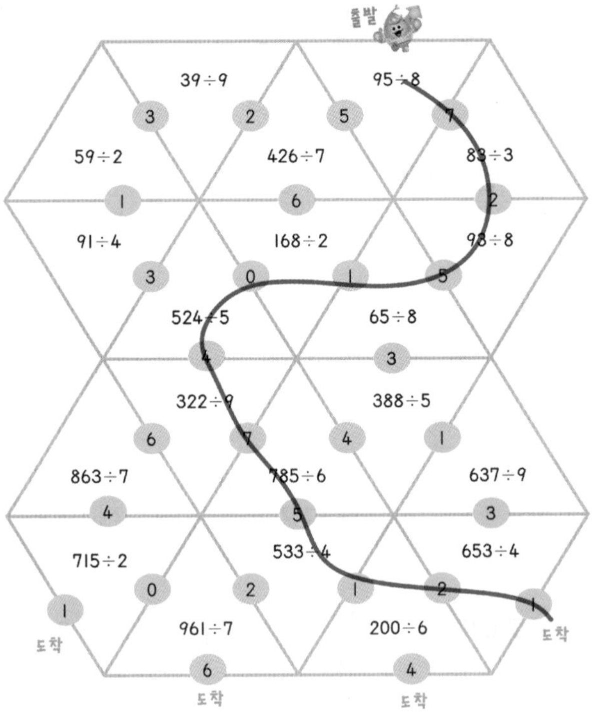

출발
39÷9
95÷8
59÷2
426÷7
83÷3
91÷4
168÷2
93÷8
524÷5
65÷8
322÷9
388÷5
863÷7
785÷6
637÷9
715÷2
533÷4
653÷4
961÷7
200÷6
도착
도착
도착
도착

p.132~133

9~13 연산의 활용 3에서 배운 연산으로 해결해 봐요!

▶ 수 카드를 한 번씩 모두 사용하여 조건을 만족하는 식을 만들어 보세요.

01 [4] [8] [3]

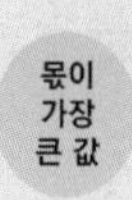

$3 \overline{)84}$ = 2 8

02 [6] [3] [8] [9]

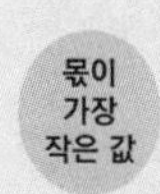

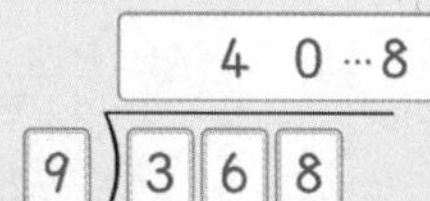

$9 \overline{)368}$ = 4 0 ⋯ 8

03 [5] [2] [7] [6]

몫이 가장 큰 값

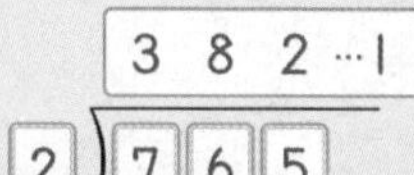

$2 \overline{)765}$ = 3 8 2 ⋯ 1

04 [7] [4] [9] [7]

$4 \overline{)977}$ = 2 4 4 ⋯ 1 (몫이 가장 큰 값)

$9 \overline{)477}$ = 5 3 (몫이 가장 작은 값)

▶ 어떤 수를 □로 나타내어 식을 세워 계산하고 어떤 수를 구해 보세요.

01 어떤 수를 3으로 나누면 몫은 6이고 나머지는 1입니다. 어떤 수는 얼마입니까?

식 $\square \div 3 = 6 \cdots 1$

확인식 $3 \times 6 = 18$, $18 + 1 = 19$ 어떤 수 19

02 어떤 수를 4로 나누면 몫은 94이고 나머지는 2입니다. 어떤 수는 얼마입니까?

식 $\square \div 4 = 94 \cdots 2$

확인식 $4 \times 94 = 376$, $376 + 2 = 378$ 어떤 수 378

03 어떤 수를 7로 나누면 몫은 105이고 나머지는 3입니다. 어떤 수는 얼마입니까?

식 $\square \div 7 = 105 \cdots 3$

확인식 $7 \times 105 = 735$, $735 + 3 = 738$ 어떤 수 738

p.134

▶ 이야기들 속에 주어진 조건을 생각하며 식을 세우고 답을 구해 보세요.

01 구슬 90개를 6명에게 똑같이 나누어 주려고 합니다. 한 사람이 몇 개씩 구슬을 받을 수 있습니까?

식 $90 \div 6 = 15$ 답 15 개

02 사과 63개를 5박스에 똑같이 나누어 담았을 때, 박스에 담지 않고 남은 사과는 몇 개입니까?

식 $63 \div 5 = 12 \cdots 3$ 답 3 개

02 196쪽짜리 문제집을 매일 7쪽씩 풀어서 모두 풀었다면 며칠 동안 문제집을 풀었습니까?

식 $196 \div 7 = 28$ 답 28 일

04 나무 856그루를 3개의 공원에 똑같이 나누어 심었습니다. 남은 나무는 학교에 심었다면 학교에 심은 나무는 몇 그루입니까?

식 $856 \div 3 = 285 \cdots 1$ 답 1 그루

MEMO

MEMO

MEMO